中式室内细部素材 ①

硬装元素

金盘地产传媒有限公司 策划
广州市唐艺文化传播有限公司 编著

中国林业出版社
China Forestry Publishing House

图书在版编目（ＣＩＰ）数据

中式室内细部素材. 硬装元素 / 广州市唐艺文化传
播有限公司编著. -- 北京 : 中国林业出版社，2017.7
　　ISBN 978-7-5038-9120-5

　　Ⅰ. ①中… Ⅱ. ①广… Ⅲ. ①室内装饰设计—细部设
计 Ⅳ. ①TU238.2

　　中国版本图书馆CIP数据核字(2017)第156163号

中式室内细部素材. 硬装元素

编　　　著：广州市唐艺文化传播有限公司
策划编辑：高雪梅
文字编辑：高雪梅
装帧设计：刘小川　　姚凤萍

中国林业出版社·建筑分社
责任编辑：纪　　亮　　王思源

出版发行：中国林业出版社
出版社地址：北京西城区德内大街刘海胡同7号，邮编：100009
出版社网址：http://lycb.forestry.gov.cn/
经　　销：全国新华书店
印　　刷：深圳市汇亿丰印刷科技有限公司
开　　本：965mm×690mm　1/16
印　　张：21
版　　次：2017年7月第1版
印　　次：2017年7月第1版
标准书号：978-7-5038-9120-5
定　　价：329.00元（全套定价：678.00元）

图书如有印装质量问题，可随时向印刷厂调换（电话：0755-25971848）

【前言】

　　硬装一般是指传统家装中的拆墙、刷涂料、吊顶、铺设管线、电线等。一般也指除了必须满足的基础设施以外，为了满足房屋的结构、布局、功能、美观需要，添加在建筑物表面或者内部的一切装饰物，也包括色彩，这些装饰物原则上是不可移动的。

　　硬装修的特征是：必须通过装修来完成，同时这个装修所构成的一切物体一般是不可随意移动的，也就是说必须要依靠装修公司来完成的部分，或者说需要装修公司总体协调来完成的部分就是硬装修。所谓软装饰，即指除了室内装潢中固定的、不能移动的装饰物，如地板、顶棚、墙面以及门窗之外，其他可以移动的、易于更换的饰物，如窗帘、沙发、靠垫、壁挂、地毯、床上用品、灯具等以及装饰工艺品、居室植物等，是对居室的二度陈设与布置。

　　从装修设计的角度上说，硬装是软装的基础，软装是硬装的完善，两者之间是相辅相承的，离开了软装的硬装设计是苍白的，而没有硬装作基础，单纯依靠软装要达到你所期望的效果似乎也是不可能的，所以两者之间存在着一种互补的关系。事实上，现代意义上的"软装饰"已经不能和"硬装修"割裂开来，人们把"硬装修"和"软装饰"设计硬性分开，很大程度上是因为两者在施工上有前后之分，但在应用上，两者都是为了丰富概念化的空间，使空间异化，以满足家居的需求，展示人的个性。

硬装装修涵括的工程范畴

硬装包括下面几个工程:

地面工程: 包括凿平铺砖及防水等。

墙面工程: 包括拆墙、砌墙、刮腻子、打磨、刷乳胶漆及电视墙基层等。

顶面工程: 主要是吊顶工程，包括木龙骨或轻钢龙骨、集成吊顶等。

木作工程: 主要包括门套基层、鞋柜及衣柜制作等。

油漆工程: 主要是现场木制作的油漆处理等。

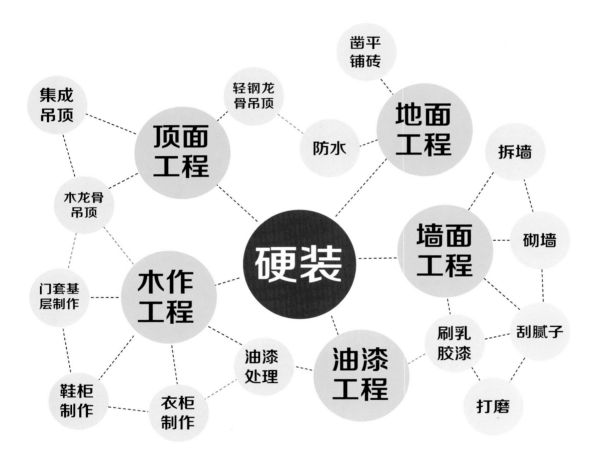

以上所用辅材，如腻子、水泥、河沙、木工板、石膏板、乳胶漆、电线、ppr管等均包括在内，另外水路和电路改造、垃圾清运等也属于基础装修。说得直白点，装修结构中的吊顶、地面、墙体、门窗等，装修空间中的玄关、隔断、通道、楼梯等都属于硬装的范畴。

硬装装修的注意事项

■ 镂空窗户

■ 中式屏风隔断

■ 吊顶中央挂中式吊灯

■ 中式门窗

■ "月亮门"式的隔扇

■ 福寿方橼头

■ 福寿方橼头

　　中式客厅的硬装也是要做好设计的，常见的做法就是在客厅窗户上进行镂空雕刻，并且在客厅设计实木横梁来彰显复古韵味，在客厅的玄关处还可以用中式屏风隔断之类的装饰来衬托中式客厅的内涵。

　　中式风格的天花板和吊顶的装修主要分天花和藻井方式。天花板装修可以简化，例如雕刻木制屋顶成传统的形状，方形，圆形或为福禄寿等吉祥图案，矩形木格子图案，中央挂中式吊灯即可。

　　门窗确定居室整体风格是非常重要的。中式门窗一般是用棂子做成方格图案，讲究一点的还可雕出灯笼芯等嵌花图案。安装了铝合金窗、塑钢窗在层与层的窗口，也可以做嵌花图案，使整个居室的风格统一。有条件的可将开窗的一面墙做成一排假窗，装彩绘双层玻璃。

　　中国传统居室非常讲究空间的层次，如可用隔扇、屏风来分隔空间。中国传统上使用木材或漆画，隔墙板的木材做强框架与固定支架，中间一个格，刻成古老的模式。如果房间开阔，还可以做成一个"月亮门"式的落地罩、隔扇。新中式风格的隔扇屏风可采用新材料制造，如金属、合金、硬质材料，颜色可采用喷涂漆、烤漆、金属原色、木本色、镀烙、金银箔贴面等等。

不同区域硬装的设计要点

除了几个面（顶面、墙面、地面）的装修外，硬装还可以增加功能设计，最重要的一方面是增加收纳空间。房型是先决条件无法改变，但是可以通过硬装，将一些不规则的角落和平时够不着的角落充分利用，化零为整，让空间显得整齐划一。只要合理规划和利用，在硬装当中，也能很好地实现一区多功能：例如客厅或餐厅的卡座、卧室的床架、书桌连同书架、飘窗、楼梯等，均可兼具丰富的收纳功能。

睡眠区

卧室当中通常有床、衣柜、床头柜、书桌等必需品，那么硬装也同样可以从这些东西着手。日本传统的榻榻米，如今在国内也非常流行，受此启发将床铺所在的地面用木板做抬高，起到防潮、防虫、隔地面湿气、冷气的作用。只需在其上放个床垫便可以使用，底部还可设计出收纳功能，这样可以省却买床的费用，使用起来也别有一番趣味。可尝试用软包或木质护墙板做床背板，这样睡眠翻滚时不易冷。

■抬高的床铺

休闲区

家中具有休闲功能的空间通常是客厅、餐厅、榻榻米室，有的特殊户型还利用阁楼、阳台等打造出休闲区。客厅的沙发，或是餐厅的座椅可以考虑用卡座的形式，用硬装做出沙发椅的框架，表面铺一张软垫便可，底部还可用作收纳，经济实惠，设计巧妙也不失为一种有趣的生活方式。

■榻榻米室

■具有收纳功能的电视墙

■具有收纳功能的楼梯墙壁

工作区

　　如果家中空间并不宽裕，对于工作区的设计便需要在一些不起眼的角落进行功能挖掘，尤其对于飘窗的利用很有讲究。将飘窗用抽屉垫高，增加延伸出来的桌面便可形成工作区，可以适当增加顶部的灯光布线，以满足工作照明需求。顺势还可以增加一些收纳型隔板，丰富收纳功能，如果是卧室兼书房功能，更需要注重空间的合理规划。

背景墙

　　墙面的利用在硬装之初就设计好是最佳的选择，因为等软装结束再想增加，便会破坏墙体造成污染，很难再实现。客厅的电视背景墙、餐厅背景墙、浴室背景墙等如果适当增加收纳功能，会带来很多便利。掌握好尺度，不让隔板影响到人的动线，同时能满足少量置物是最理想的设计。设计电视机前基础的收纳，墙上的柱子巧借风格造型来掩盖掉，中高层可用隔板设置，用于装饰摆件。

楼梯

　　对于复式的房屋，楼梯的利用也是值得挖掘的一部分，尤其是小户型。楼梯的底部，楼梯的阶层本身都是可以充分利用的区域。木质的楼梯如果增加收纳功能，尤其要注意选材用料要结实，否则反倒为生活增添困扰。

　　尝试运用硬装融入丰富的功能设计，还需注意几个要点：在选材上，质量稳定的实木是上好的选择，选材时要注意木材的色泽与空间整体的协调性，尽量避免使用过于鲜明大胆的颜色，容易过时；设计尽量避免用过于复杂的线条，以简洁实用为主旨，合理利用每处空间，虽说增加收纳功能会增加硬装开支，但长远来看还是值得的；善于利用一些特殊造型的墙体，比如对不规则的角落，可直接做成柜子掩盖其内部的缺陷，一根突出的柱子，可索性延伸做成正面的柜子，形成嵌入式设计，或是使之成为拱造型的一部分，巧妙掩饰。

目录
· CONTENTS ·

【入口】

　　作为小区的"门面"，入口的空间组织形式，环境布置，景观行为以及心理行为的塑造，在一定程度上，可以作为增加小区附加值的有效手段之一，越来越受到开发商和设计师的关注。对入口空间的立面设计来讲，一方面要考虑自身功能的需求，另外还要考虑室内外空间的交流，即建筑和入口的有机统一，即整体性；住宅建筑的入口应当能够首先表现出建筑的类别、性质等，此为"标志性"，通过住宅建筑入口处的设计，让居住者产生心理归属感；另外由于入口空间属于过渡性空间，因此要在设计过程中，突出过渡性特征，充分表现出住宅建筑入口空间的开放—封闭，单一—综合，模糊—确定，抹去明显界限，让空间得以连贯并自然形成整体。另外在入口的设计上还要注入对人性的关怀，在入口的尺度、无障碍和环境设施、生态化、安全性等方面，都要全心全意为居住者着想。

入口

在现代住宅建筑中，通常是习惯于从一个大的公共空间到一个住宅小区内的半公共空间，再到住户的私密空间，层层递进，过渡自然，适应人的心理变化。而这些空间之间的过渡就是通过入口、门等建筑元素联系起来的。

■ 大门入口

■ 庭院入口

■ 室内入口

住宅入口的分类

入口空间私密性的营造实际上从住宅入户的景观路就开始了。首先，入户路宽度变窄，保持亲近人的尺度；其次，强调人文气息，把入户空间和邻里组团的空间结合，让人卸掉包袱轻松面对邻里空间的环境，使人们在邻里空间交往过程中延伸了家的领域；最后接近入口时，通过雨蓬、院墙等建筑语言引导人们回家，他们既具有标示性又具有围合感。因而，住宅入口空间的归属感在组成变化，社区—邻里—庭院—半私密空间—私家庭院—自己的家，这是一个连续的过程。对应这些层次顺序，住宅入口可分为：大门入口、庭院入口和室内入口等。

相比较之下，商业或者公共建筑的入口从设计来讲和住宅入口有所区别，前者需要保持开放性，后者需要保持私密性。但是两种类型的建筑入口都需要有一定的引导性，商业和公共建筑对这种引导性的要求表现得更加强烈。因此在这类入口的设计上，立面的色彩、材质及造型都可以采用夸张、鲜明的手法，使人们经过时能被建筑本身吸引。

住宅入口总的设计手法与特点

住宅入口的设计手法多种多样，可以利用形式、色彩、质感、阴影等造型来突出其建筑入口。常见的设计手法有：

1、运用色彩与材质：用变化入口的材料，改变入口门脸的色彩来突出入口；

2、夸大入口的尺度：为了使入口的门面与高度体量相一致，可以夸大入口的尺度来突出入口；

3、利用踏步与高差：利用地形的变化来抬高入口的标高；

4、采用几何构图方法：用体块穿插和旋转贯穿使入口的造型新颖且富于变化；

5、引导和暗示：利用花坛、列柱，不同地面材料，景观的韵律变化进行引导和暗示，使入口得以加强；

6、利用环境和装饰：开辟门前广场，设置绿化水池、门灯、雕塑等突出入口。

各类住宅大门入口的优劣势

大门入口是住宅区与大公共环境的分界点，有警示、保安等作用，因此小区大门入口的设计必须直接明了。无论是开放式入口还是封闭式入口，都有其入口的标识，标识的醒目性和可识别性是设计的重点。同时，大门入口的设计必须与住宅建筑的风格相一致，以达到整个住宅小区的整体性和一致性。

开放式入口就像色彩的渐变色一样，是一个自然渐

■ 成都蓝光·雍锦园_正门

变的过程，能满足人们的适应心理，给人以自由奔放的
感觉。同时开放式入口通常与一个小区广场相连，从整
个住宅区来看，增加了磅礴的气势，但开放式入口的缺
点是不便于管理。

　　封闭式入口是在入口处设置了一个封闭的围合空
间，这个围合空间由一个具体的"门"的建筑体来联
系外界，人们进出在一定程度上受到限制，同时也要
迅速完成从公共空间到私密的内公共空间的心理转换。
封闭式入口的优点是便于管理，对私密空间而言更具
有安全性。

　　半开放半封闭的入口既有一定的围合空间用以保护
私密空间，也有一定的对外开放空间来实现人们渐变的
心理过程，同时也便于管理。

庭院入口的过渡性

　　中国人的含蓄之美，让建筑入口设计做到藏而不
露，先入景后入户，犹如一块屏风与大门进行遮挡，
还可再搭配一些简单的绿植。由汀步石或者台阶引入
室内入口的这个过程很是让人享受。景观与建筑融为
一体，即使被夜幕包围，那盏景观灯也会温暖到你心
间。入口中式设计，让空间多了一种文化，一种情怀。
最美的是由内而外散发的气质，大门入口，要有气质，
当然还是中式的美。

室内入口的间隔和私秘性

　　室内的入口设计是整个私密空间设计中的第一眼，
好的设计让人舒畅愉悦，而不合理的设计则使人一进门
就不舒服，影响心情。住宅中室内入口空间并不是住宅
中可有可无的部分，它是一个功能完整的住宅中不可或
缺的组成部分之一。无论从功能需求还是心理需求上，
都是一个急待引起重视并应反映在设计中的一个课题。

　　"合理的入口"的最大作用是阻止人们的过渡注意，
入口，与其他空间有相同之处，但也有其特有的功能，
当人们进入房间，首先在入口整理妆容，换鞋，换衣服，
整理装备等。

　　风格和心情：室内入口，不仅体现房间的设计风格，
也使人心情愉悦。整个房间的设计风格和底漆的颜色，
与客厅卧室家具统一，也包括放置于入口的鞋柜、衣架、
镜子、小板凳等，打开门就能看到和谐的整套风格。

　　装修和家具：入口的表面装饰应用耐磨、易清洗的
材料，重视家具的创新。

　　灯饰及照明：在入口处的照明设计也很重要，良好
的照明设计可以成为一个受欢迎的入口区域，如设计一
些淡淡的感觉，即使在夜晚进门后也会发现入口的魅力。

【大门入口】

　　大门是构成城市整体形象、彰显个体意象的重要组成部分，是整个居住小区设计的重点。大门入口作为一个楼盘的"面子"，在景观设计中非常重要，一个好的入口设计，可以提升楼盘的整体价值，因此入口的设计显得至关重要！随着居住小区品质的提升，入口设计的要求也不断提高，入口不仅是为了满足早期的基本功能需求，而是逐渐多样化，逐步完善化。中式大门入口通过门扇、墙体的形态、色彩、质感，以及中式建筑符号、标识、细节装饰，构成一个注目的视觉信号，完成空间的区分和转换，同时，通过中式装饰语言表达了一种文化诉求。

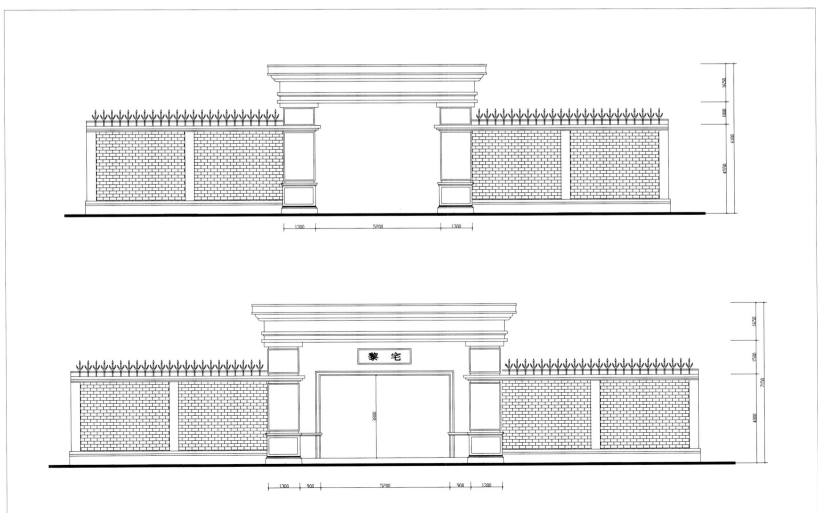

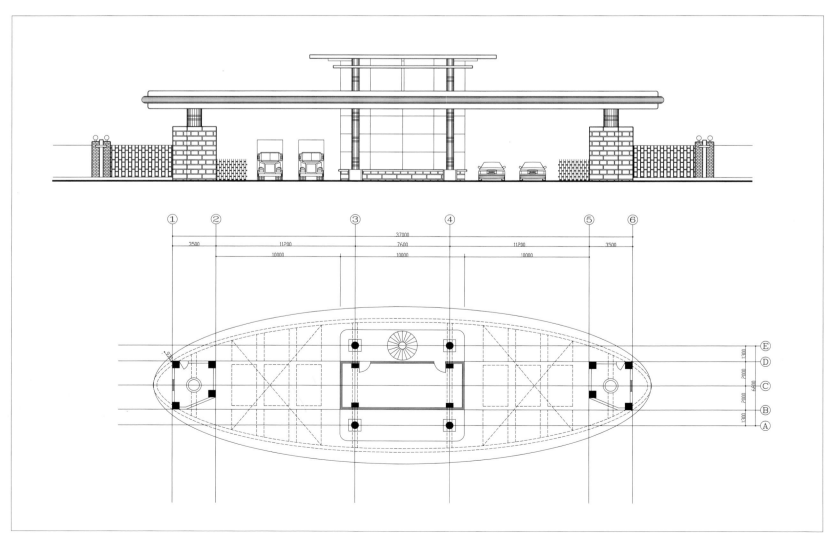

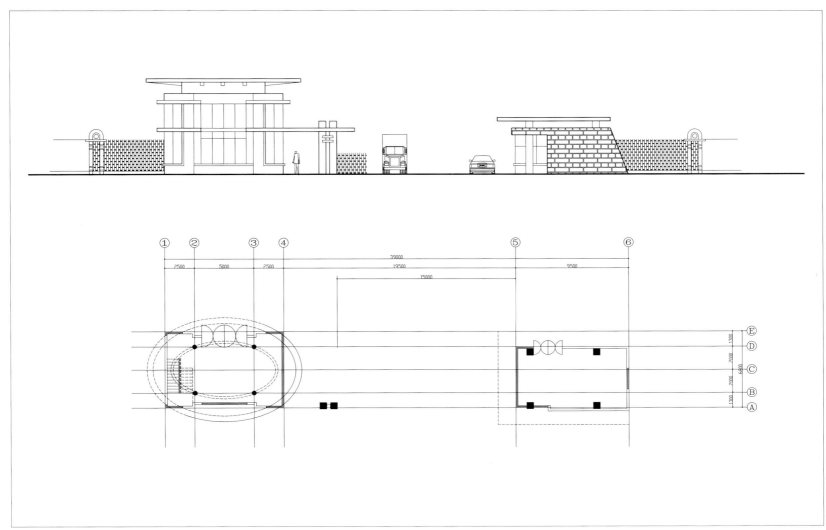

【庭院入口】

庭院入口主要分两类，一类是园林大门，一类是园林中小型别致的门洞。一个好的庭院入口，会使人感受到空间和景象的变化，并由此产生"别有洞天"和"步移景异"的艺术效果。庭院入口应体现整座庭院的风格，同时体现庭院主人的品位。一个成功的庭院，它的入口必是经过精心的设计和布置的。中式的美是沉淀了几千年的中华之美，提起中式脑海会浮现这些词：幽静、低调、奢华、沉稳。而庭院大门则是推开美的一道面纱。两旁的青草树木静静地立着，手放在门上拉手，所有的躁动都在那一刻归为平静，推开门那一刻清风徐来，满园青色。

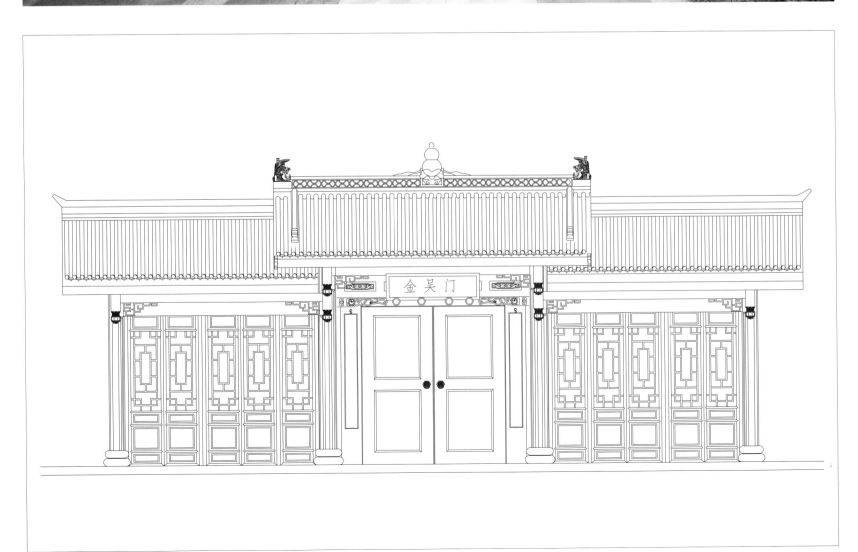

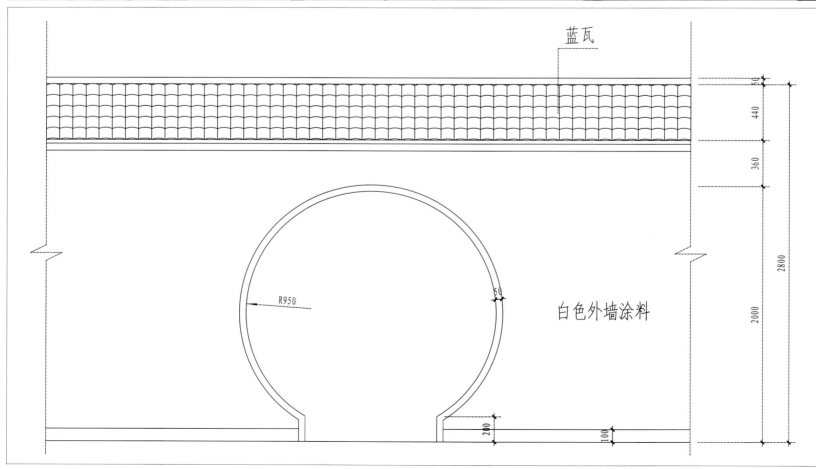

蓝瓦

白色外墙涂料

R950

50

440

360

2800

2000

200

100

50

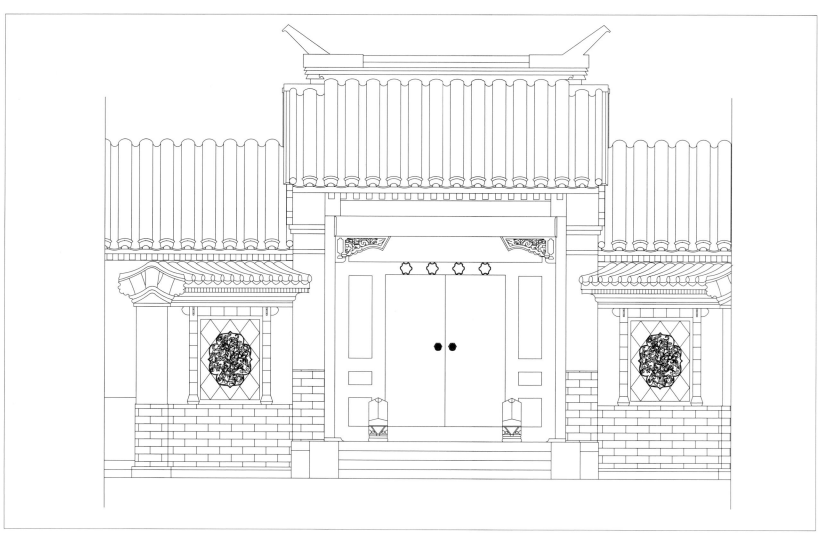

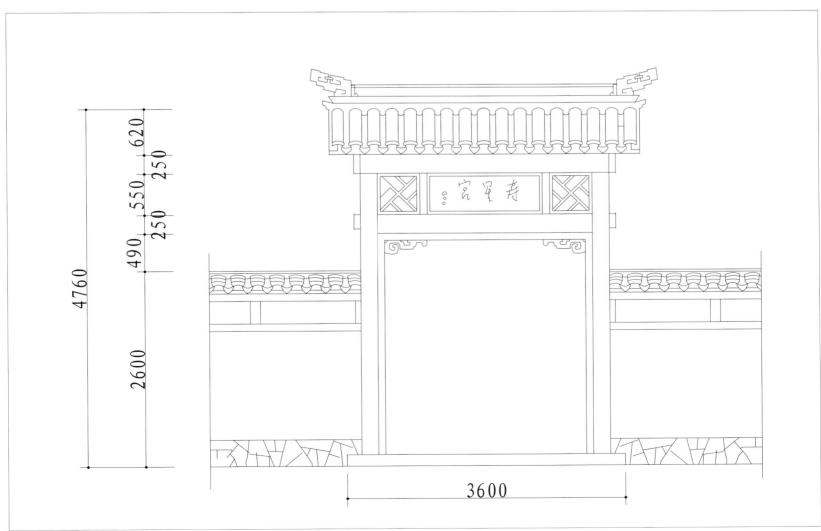

【室内入口】

　　室内入口原义指大门，现多指进入户内的入口空间。这块入口空间，不仅提供心理上的过渡空间，而且也是功能上的需求空间。入口门廊是一个过渡性的缓冲地段，你首先看到的是大门，这是来访的客人进入一个家庭的最初感觉。可以说，入口设计是家居设计开端的缩影。入口设计应体现业主装修风格和品位。入口应该能够在很短的时间给予访客足够的惊喜并了解到房子的整体风格。室内入口的连接方式分为：大门直接与起居室连接；经厨卫过道连接；通过门廊，檐廊链接；通过玄关、门厅连接；通过楼梯连接等。

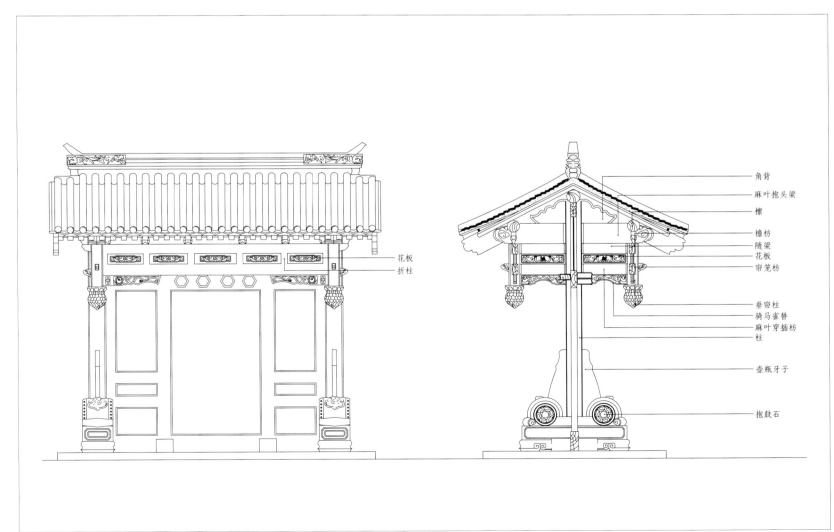

花板
折柱

角背
麻叶抱头梁
檩
檐枋
随梁
花板
帘笼枋

垂帘柱
骑马雀替
麻叶穿插枋
柱

壶瓶牙子

抱鼓石

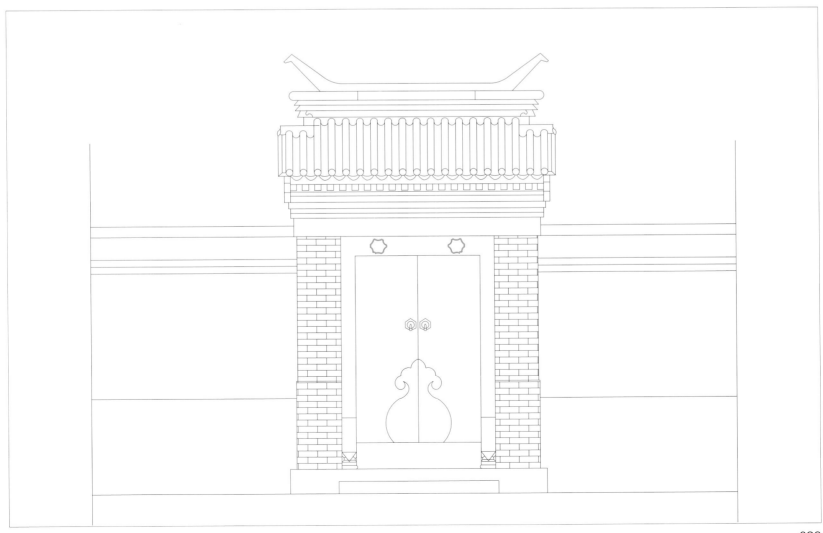

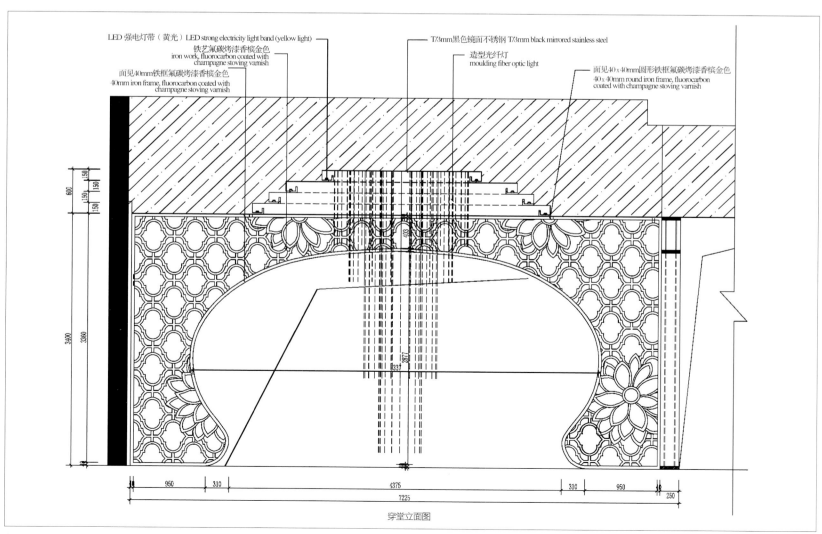

LED 强电灯带（黄光）LED strong electricity light band (yellow light)

铁艺氟碳烤漆香槟金色
iron work, fluorocarbon coated with champagne stoving varnish

面见40mm铁框氟碳烤漆香槟金色
40mm iron frame, fluorocarbon coated with champagne stoving varnish

T/3mm黑色镜面不锈钢 T/3mm black mirrored stainless steel

造型光纤灯
moulding fiber optic light

面见40 x 40mm圆形铁框氟碳烤漆香槟金色
40 x 40mm round iron frame, fluorocarbon coated with champagne stoving varnish

穿堂立面图

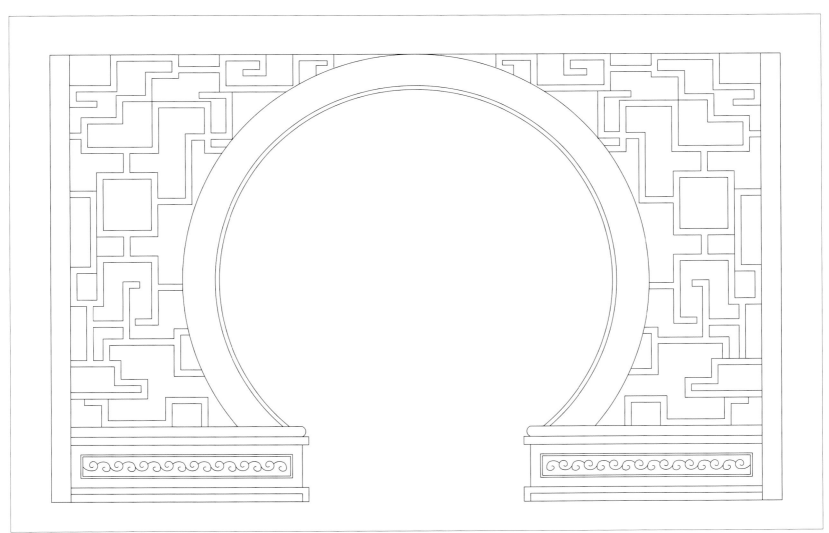

【玄关】

　　玄关一词源于中国，原指道教内炼中的一个突破关口。后来用在室内建筑名称上，意指通过此过道才算进入正室，玄关之意由此而来。新中式玄关的设计形式：低柜隔断式，即以低形矮台来限定空间做隔断体，既可储存物品，又能划分空间；格栅围屏式，主要以带有不同花格图案的透空木格栅屏作隔断，既有古朴雅致的风韵，又让通透与隐隔完美互补；半显半隐式，隔断下部为完全遮蔽式设计，隔断两侧隐蔽无法通透，上端敞开。通过线条的凹凸变化、墙面挂置壁饰或采用浮雕等装饰物的布置，烘托灵动气韵；还有柜架式，半柜半架式。柜架的形式采用上部为通透格架作装饰，下部为柜体；或用不规则手段，虚、实、散互相融合，以镜面、挑空和贯通等多种形式进行综合设计。

玄关设计形式要素

随着现代装修的发展，越来越多人意识到玄关在家装中的重要性。所谓玄关，一般布置在家门口处，不仅可以起到装饰作用，还能收纳一定的空间。而中式风格的玄关则更是受到我们中国家庭的欢迎。玄关的概念本就源起中国，过去中式民宅的影壁，就是现代玄关的前身。传统的玄关的根本目的，就是为了"藏"，避免外人直接看到宅内人的活动，这个过渡性空间体现了中式家居设计的含蓄内敛。

■ 玄关柜摆放小饰品和绿化

■ 玄关处设置吊顶与地砖拼花

■ 玄关墙面浮雕设计

在设计玄关时，只要充分考虑到玄关周边的环境，把握住六大要素的设计原则，要获得美妙效果应该不难。

地坪

人们大都喜欢把玄关的地坪和客厅区分开来，自成一体。或用纹理美妙、光可鉴人的磨光大理石拼花，或用图案各异、镜面抛光的地砖拼花勾勒而成。在玄关地坪设计上，我们需把握三大原则：易保洁、耐用、美观。

顶棚

玄关的空间一般比较局促，容易产生压抑感。但通过局部的吊顶配合，往往能改变玄关空间的比例和尺度。而且在设计师的巧妙构思下，玄关吊顶也可以成为极具表现力的室内一景。它可以是自由流畅的曲线；也可以是层次分明、凹凸变化的几何体；也可以是大胆露骨的木龙骨，上面悬挂点点绿意。这里我们需要把握的原则是：简洁、整体统一、有个性。要将玄关的吊顶和客厅的吊顶结合起来考虑。

墙面

玄关的墙面往往与人的视距很近，可只作为背景烘托。设计师选出一块主墙面重点加以刻画，或以水彩，或以木质壁饰，或刷浅色乳胶漆，再设计一个别致的大理石摆台，下面以雅致的铁花为托脚。

小饰品和绿化

一只小花瓶或一束干树枝，就可以给玄关增添一份灵气和趣味。一幅上品的油画，一帧精心拍摄的照片，或是一盆细心呵护的君子兰，都能从不同角度体现业主的学识、品位、修养。不过，在玄关的饰品和绿化装饰上需把握一个原则：少而精，重在点题。

灯光

精心设计的灯光组合，可以蓬荜生辉。筒灯、射灯、壁灯、轨道灯、吊灯、吸顶灯——根据不同的位置安排，可以形成焦点聚射，可以营造出您所需要的理想生活空间。当然，灯光效果应有重点，不可面面俱到。

家具和隔断

玄关除了起装饰作用外，还有一重要功能，即储藏物品。玄关内可以组合的家具常有鞋柜、壁橱、风雨柜、更衣柜等，在设计时应因地制宜，充分利用空间。另外，玄关家具在造型上应与其他空间风格一致，互相呼应。

玄关的应用元素

玄关空间形态有时被称为灰空间，它与客厅等其他空间的界定有时很模糊，因此，在设计时需要设计一处隔断，既有界定空间，缓冲视线的作用，同时又具有画龙点睛的装饰作用。人们在日常生活中所指的狭义的玄关就是此类隔断。我们在设计玄关家具和隔断时，应考虑整体风格的一致性，避免为追求花哨而杂乱无章。

■ 玄关处摆放中式瓷器花瓶

■ 玄关处摆放玄关柜和交椅

■ 玄关处摆放佛像和花盆

中国瓷器花瓶

玄关处可见古典的梁柱，仿古的灯笼，古朴的木雕门窗，各式的中国瓷器花瓶，高低错落地排列，成为玄关的焦点。

太师椅

中式的玄关设计，为了契合历史感及中国文化元素，利用了最能体现明清家具造型特点的太师椅，太师椅的椅背和扶手雕刻得精彩异常，加上墙上的雕花装饰，就能为玄关带出庄重而华贵的感觉。

玄关柜 + 水墨画

中式玄关柜风格古朴而不失时尚感，自然的原木色，斑驳的木材肌理，铜质环形扣拉手，带着时间的沉淀，它的收纳功能同样不可忽视。不同大小的收纳空间可以满足不同需要的收纳要求。另外，木质的鼎状装饰，以及装点墙面的中国传统水墨画也可以平添不少情趣。

中国红 + 壁纸

中国风情的红色壁纸可以给玄关这个空间带来深度和丰富性，红色是打造中式风格家居的完美的颜色。简约的中式条案，艺术感十足的花瓶插上盛开的桃花，红色、金色和黑色等颜色的交错也可以让玄关看起来富丽堂皇。

手绘花鸟图案漆面屏风

许多别墅或大户型都会附带一个大面积的入口玄关，此处的玄关也可以兼作休闲区，摆放上简约的红木桌子，搭配格纹图案的红色单人沙发，楼梯另一侧装饰以蓝白色中国风格的陶瓷花瓶，也可以打造出一个混搭风格的玄关。

佛像 + 莲花盆景

透着禅意的中式玄关设计，金色的佛像搭配莲花盆景，中国风的意境得到很好体现。另外，玄关地板采用小型的马赛克拼贴，摆放立体切割的玄关柜，金色和黑色将古老中国的特色表露无遗。

不规则木凳 / 中国竹桌

玄关设计采用简约风格，只需充分利用木材的不规则造型即可。玄关没有多余的摆件，只有一张创意不足的不规则木凳子，依稀还能看出传统中式板凳的影子。

【独立玄关】

　　独立式玄关以独立的建筑空间存在，或者是单独的一个房间，或者是一个转弯式过道。对于与其相连的客厅，独立式玄关能更好地起到遮掩作用，使外人不能随便地在门外观察到室内的活动，这样待在客厅里会觉得私密性得到了保护，更有安全感。独立式玄关的面积有大有小，面积较大的独立式玄关还可以被厨房和餐厅借用，或者是承担第二客厅的功能，可以在这里放置舒适的坐具和书籍、画册、照片等能体现主人喜好的物品；面积比较小的独立式玄关不宜负担太多功能，满足换鞋穿衣的基本功能即可。独立式玄关由狭长的走廊或独立的区域组成，可以选择条案、橱柜、挂屏、墙体、绿植、瓷器、砖雕等进行搭配。

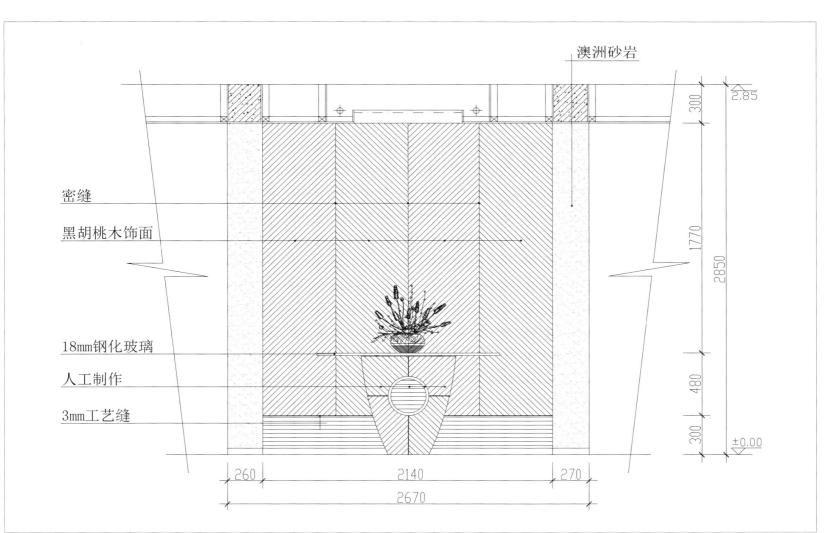

澳洲砂岩

密缝

黑胡桃木饰面

18mm钢化玻璃

人工制作

3mm工艺缝

2.85

300

1770

2850

480

300

±0.00

260   2140   270

2670

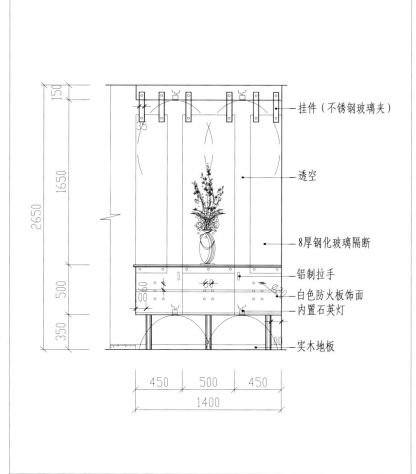

挂件（不锈钢玻璃夹）

透空

8厚钢化玻璃隔断

铝制拉手

白色防火板饰面

内置石英灯

实木地板

150

1650

2650

500

350

35

450 500 450

1400

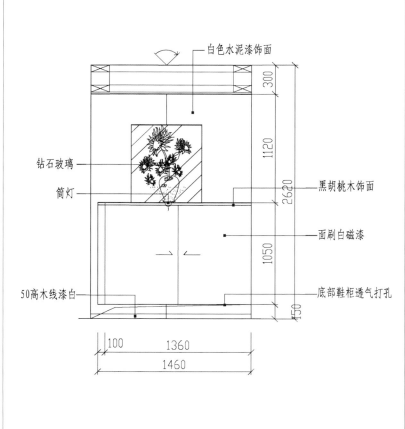

白色水泥漆饰面

钻石玻璃

筒灯

50高木线漆白

300

1120

2620

1050

150

黑胡桃木饰面

面刷白磁漆

底部鞋柜透气打孔

100 1360

1460

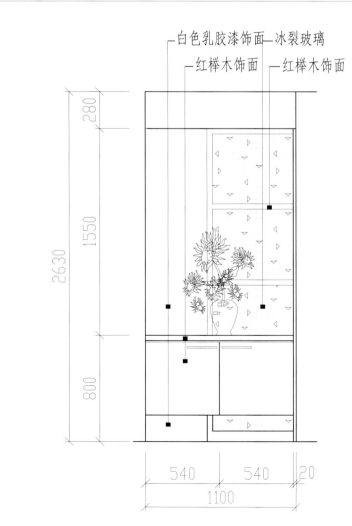

白色乳胶漆饰面—冰裂玻璃
红榉木饰面—红榉木饰面

280
1550
2630
800

540 540 20
1100

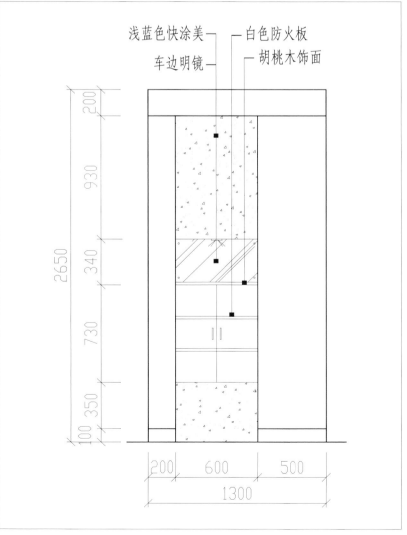

浅蓝色快涂美— 白色防火板
车边明镜— 胡桃木饰面

200
930
2650
340
730
350
100

200 600 500
1300

【隔断玄关】

　　隔断玄关分为两种，全隔断和半隔断。全隔断玄关指玄关的设计为全幅的，由地至顶。这种玄关是为了阻拦视线而设的。这种设计需要注意是否会影响门口部分的自然采光，是否会造成空间的狭窄感。半隔断玄关指的玄关可能是在 x 轴或者 y 轴方向上采取一半或接近一半的设计。全隔断玄关体积比较大，占用的位置较大，效果、气氛自然也比较重，选用的材料也比较多样性。半隔断跟全隔断玄关正好反之。半隔断玄关是多数将底层作为收纳柜子，上面多数则以装饰效果来映衬，烘托主题，这种玄关体积相对较小，多数采用面板、玻璃等材料组合。

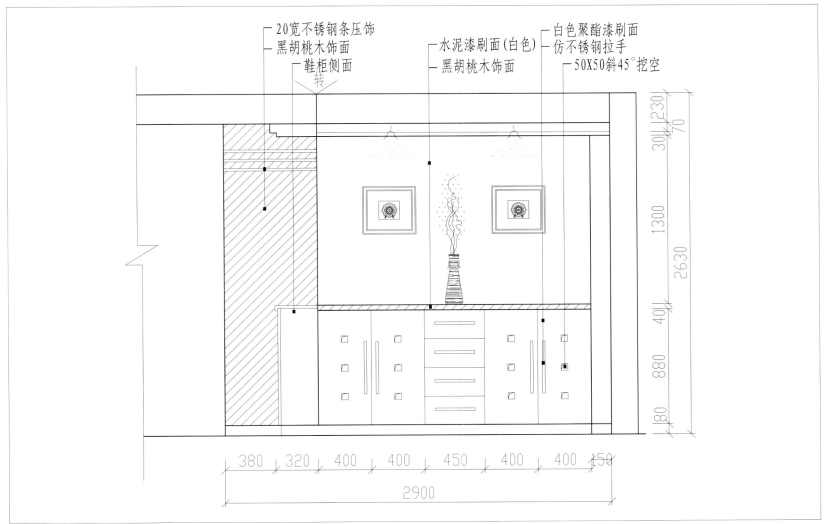

20宽不锈钢条压饰
黑胡桃木饰面
鞋柜侧面
水泥漆刷面(白色)
黑胡桃木饰面
白色聚酯漆刷面
仿不锈钢拉手
50X50斜45°挖空

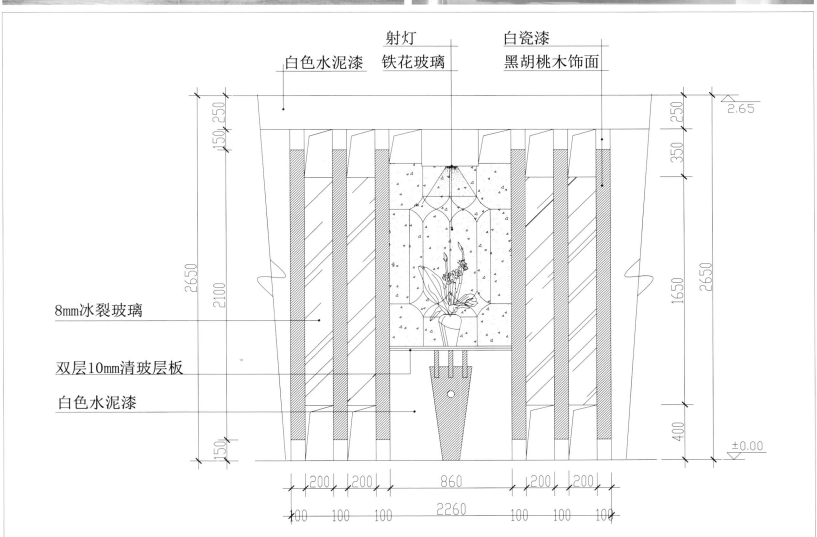

白色水泥漆　　射灯　　白瓷漆
　　　　　　铁花玻璃　　黑胡桃木饰面

8mm冰裂玻璃

双层10mm清玻层板

白色水泥漆

【邻接玄关】

邻接玄关与客厅、餐厅、书房、卧房等功能区相连，没有较严密的一个独立空间，通常是跟别的物体一起配合使用较为合适，比如旁边的鞋柜，收纳柜等；另外，邻接玄关与其他功能区的风格必须是一致相融的。邻接式玄关可以用橱柜、香几、灯架、佛像、石雕瑞兽、植物等进行搭配，若邻接式玄关比较宽敞，还可以用屏风、八仙桌、圈椅、交椅来点缀玄关。在进行中式玄关设计的同时还要考虑玄关色彩问题，这样才能打造出更加完美的家居效果。

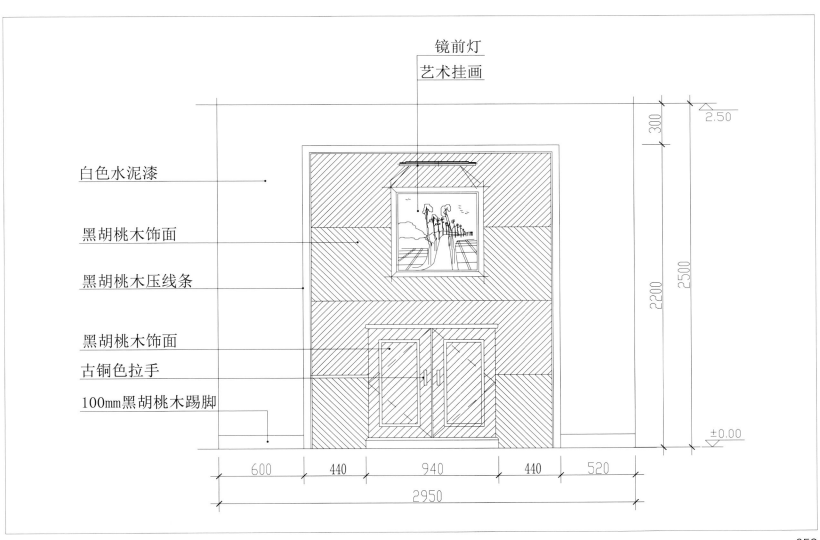

镜前灯
艺术挂画

白色水泥漆

黑胡桃木饰面

黑胡桃木压线条

黑胡桃木饰面

古铜色拉手

100mm黑胡桃木踢脚

2.50

300

2500

2200

±0.00

600　440　940　440　520

2950

【吊顶】

　　古时候的屋顶叫悬梁，如今我们把它叫做吊顶。吊顶设计也称天花设计，是指对天花板的装饰设计。吊顶的装修起到遮挡梁柱、管线、隔热、隔音等作用。吊顶让天花造型更加精美多样，创造出不同的装饰效果，并能延伸空间视觉，与室内设计整体搭配可以营造出独特的效果。吊顶对营造空间氛围，烘托房间的气氛都有着很重要的作用。中式吊顶一般以具有中国特色的黄色调为主，在材质方面多会设计木质造型，图案纹饰会采用绘画、瓷器花纹等传统图案，用其装饰的空间富有层次感。中式吊顶在家装设计中十分常见，通过中式装修吊顶，掩饰了建筑物遗留下的先天不足，还能够把天花装饰成艺术感极强的造型图案。在装修材质的选择上，中式家装崇尚自然古朴的材料，运用在吊顶造型设计上更是精雕细琢，经常有神来之笔，在氛围的营造方面，充满浓郁的神秘色彩。

吊顶设计要点

吊顶是指房屋居住环境的顶部装修，简单来说，就是指天花板的装修，是室内装饰的重要部分之一，因为吊顶不仅具有保温、隔热、隔音、吸音的作用，还是电气、通风空调、通信和防火、报警管线设备等工程的隐蔽层。

中式吊顶是指加入了我国传统文化和家庭装修理念的一种吊顶，它造型古典高雅，将古代的艺术融入现代生活，在设计上继承了唐代、明代、清代的建筑设计风格，打造具有民族特色和历史痕迹的家居空间。中式吊顶一般以具有中国特色的黄色调为主，在材质方面多会设计木质造型，图案纹饰会采用绘画、瓷器花纹等传统图案，用其装饰的空间富有层次感。

吊顶一般有平板吊顶、异型吊顶、局部吊顶、格栅式吊顶、藻井式吊顶、人字形吊顶等六大类型。

■ 吊顶加入古代水墨画元素

■ 浅色系吊顶

■ 吊顶采用中间薄四边厚的凹位造型

中式吊顶在家装设计中十分常见，通过中式装修吊顶，掩饰了建筑物遗留下的先天不足，还能够把天花装饰成艺术感极强的造型图案。在装修材质的选择上，中式家装崇尚自然古朴的材料，运用在吊顶造型设计上更是精雕细琢，经常有神来之笔，在氛围的营造方面，充满浓郁的神秘色彩。

在吊顶装修上常见的木质线条主要有：柚木、山毛榉（大多为红榉）、白木、水曲柳、椴木等。一般以"米"论价，椴木线条价格最低，其次为水曲柳线条、白木线条、榉木线条和柚木线条价格较高。

可设计凹位造型，借鉴古典的造型，采用中间薄四边厚的设计，加强空间的开阔感，使得吊顶空间明朗、视觉舒适，减轻因空间较小而产生的压抑感。根据风水学原理，这种凹位设计代表了聚水的天池，具有聚揽好运的寓意，对居室有好处。

不宜有尖角设计，一些住房修建时，会给天花板留下部分倾斜的造型，按照传统说法，这种造型会让屋主有压抑感，不利于心理健康，应该通过调整将其平整。同理，吊顶在设计时最好也不要采用不平整的形状。可

在吊顶加入绘画元素，在吊顶的设计上通过手绘的方式描绘出我国古代的水墨画等，如栩栩如生的鱼，让吊顶空间充满生机与活力，增强居室的文化底蕴，让居住者的心情愉悦。

选择浅色系，按照传统的天清地浊说法，吊顶的颜色尽量不要比地板以及墙面的颜色深，否则，容易让居住者产生压迫感，长期居住，会导致精神过于压抑，影响心情。

可设计暗藏灯，对于空间不够敞亮的房间，利用灯光的光源可加强空间的视觉效果，在某种程度上解决采光问题。设计时可以在吊顶四周的木槽中暗置日光灯，折射出来的光线堪比自然光，柔和温馨，不会伤害眼睛。此外，设计平面直线吊顶和反光灯槽也是不错的选择，可提升空间的层次。

不宜设计镜面，通过镜面虽说可以缓解居室压抑感的设计，但是会影响家庭的运势和家人的身心健康，镜面反射出地板上的情况，导致天地不开的问题，不利于好运的发生，另外，抬头就看到自己的镜像，会影响家人的心理状况。

中式吊顶材料选择

中式吊顶在材质上多以木质材料为主，如木质阴角线、边角、通花、横梁等，表面可加上油漆饰面。木质材料一般有椴木、柚木、水曲柳、榉木、柏木等，其中价格比较高的是柚木条和榉木条，水曲柳条次之、椴木条相对而言比较低廉，不同的布置材料有各自的特性，消费者可根据木质的开裂、防腐、节子、虫眼等方面来考虑，同时结合木料使用部位来选择。

【部分木质材料图示】

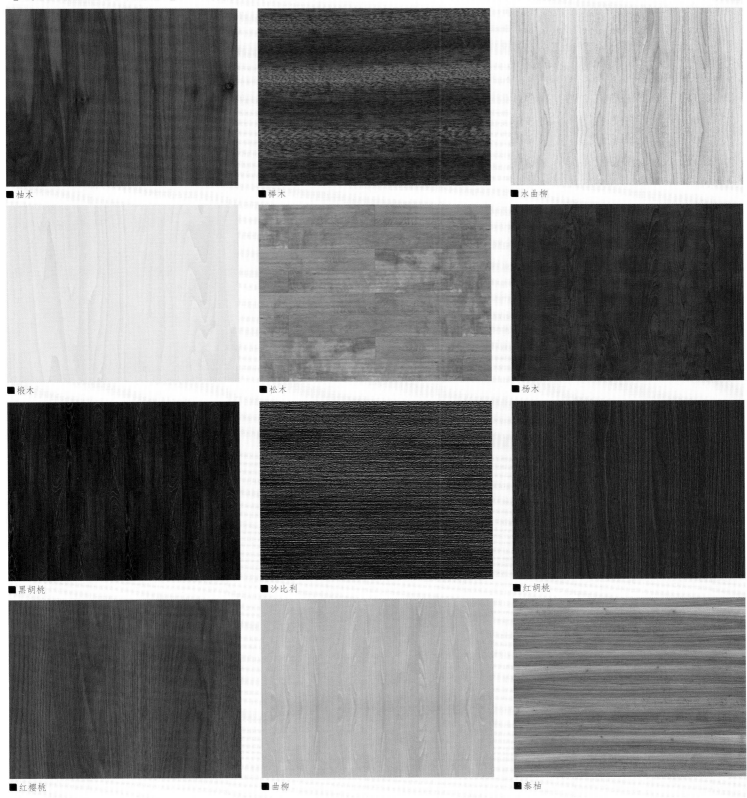

■柚木　　　　　　■榉木　　　　　　■水曲柳

■椴木　　　　　　■松木　　　　　　■杨木

■黑胡桃　　　　　■沙比利　　　　　■红胡桃

■红樱桃　　　　　■曲柳　　　　　　■泰柚

【平板吊顶】

　　平板吊顶适用于办公室、会议室、宾馆、厂房、商场、大厅等大型吊顶工程，一般使用 PVC 板、石膏板、矿棉吸音板、玻璃纤维板、玻璃等材料，照明灯卧于顶部平面之内，或吸于顶上。平板吊顶自重轻，可以增加室内的亮度和美观度，减少反射光线，加铺岩棉后更具有良好的保温、隔热、隔声、吸音的作用。中式吊顶中较为普遍的一类，就是平面吊顶，一般只用于门厅、餐厅等面积较小的区域。它相当于给顶面加了个平板，通常会在里面加辅助光源。

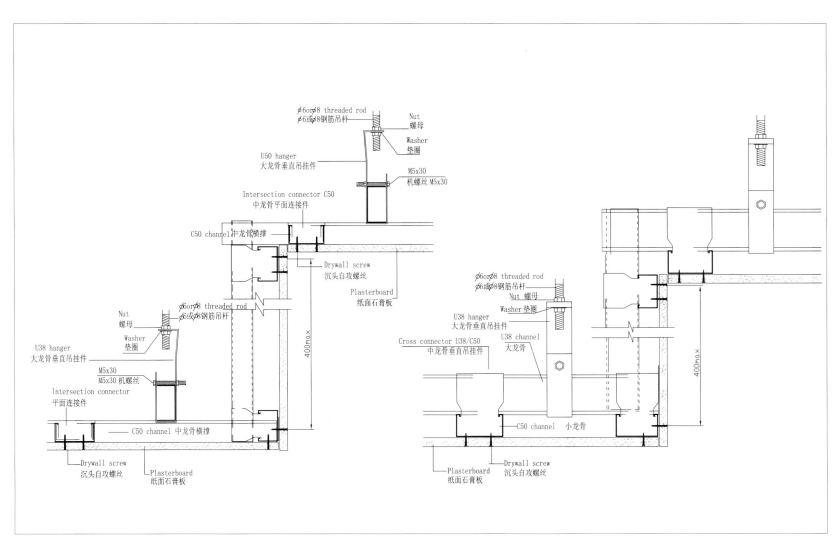

【异型吊顶】

异形吊顶在实际案例应用中经常出现，属于局部吊顶中的一种，主要适用于卧室、书房等房间，在楼层比较低的房间，客厅也可以采用异型吊顶。异性吊顶形式多样，丰富多彩，因其自身独有的灵活性经常给空间带来丰富的装饰效果，是备受广大业主和设计师青睐的一种很常见的设计手法。具体方法是用平板吊顶的形式，把顶部的管线遮挡在吊顶内，顶面可嵌入筒灯或内藏日光灯，使装修后的顶面形成两个层次，不会产生压抑感。异型吊顶采用的云型波浪线或不规则弧线，一般不超过整体顶面面积的三分之一，超过或小于这个比例，就难以达到好的效果。

【局部吊顶】

　　吊顶随便一做，都会让天花板的高度降低几十厘米。为了避免居室的顶部有水、暖、气管道，而且房间的高度又不允许进行全部吊顶的情况下，局部吊顶是一种折中的选择。这种方式的最好模式是，这些水、电、气管道靠近边墙附近，装修出来的效果与异型吊顶相似。相对于全吊顶，局部吊顶可以起到划分空间的作用，也可以设计与地面的功能区域协调，使得空间功能上下呼应，更能体现设计的美感。

【轻型基本安装】

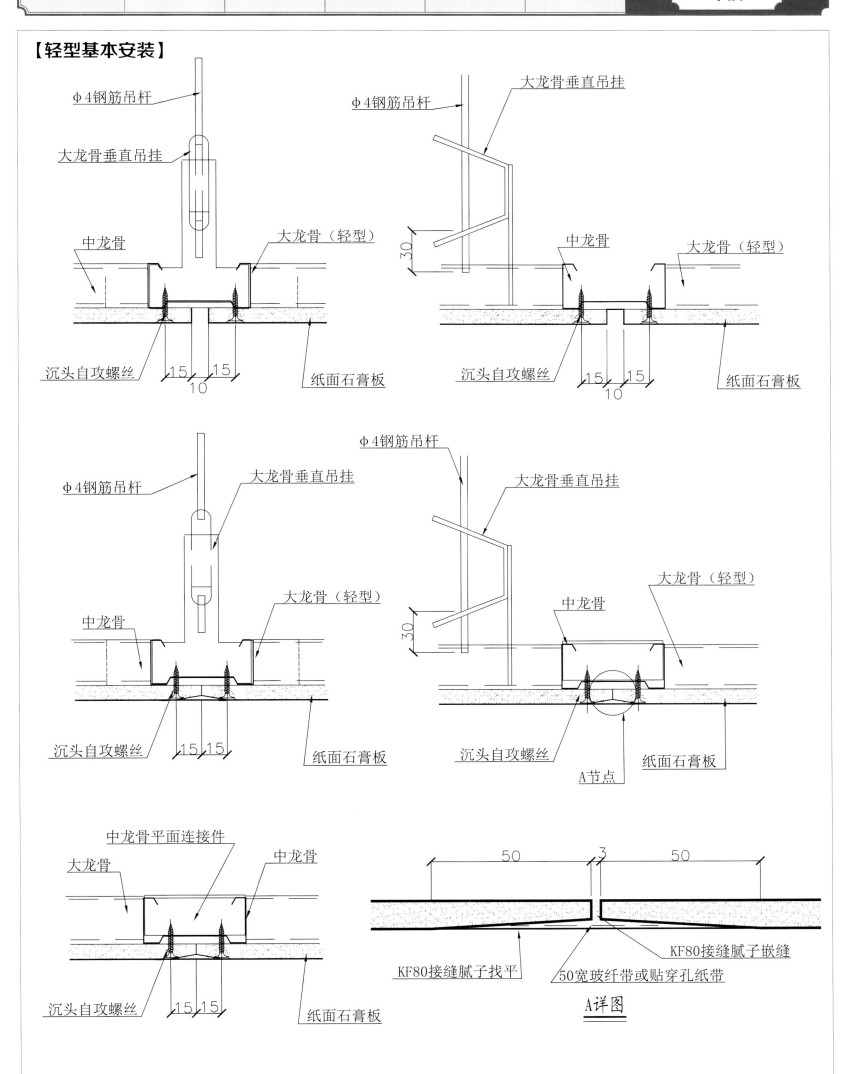

Φ4钢筋吊杆
大龙骨垂直吊挂
中龙骨
大龙骨（轻型）
沉头自攻螺丝
15 10 15
纸面石膏板

Φ4钢筋吊杆
大龙骨垂直吊挂
中龙骨
大龙骨（轻型）
30
沉头自攻螺丝
15 10 15
纸面石膏板

Φ4钢筋吊杆
大龙骨垂直吊挂
中龙骨
大龙骨（轻型）
沉头自攻螺丝
15 15
纸面石膏板

Φ4钢筋吊杆
大龙骨垂直吊挂
大龙骨（轻型）
中龙骨
30
沉头自攻螺丝
纸面石膏板
A节点

中龙骨平面连接件
大龙骨
中龙骨
沉头自攻螺丝
15 15
纸面石膏板

50 3 50
KF80接缝腻子嵌缝
KF80接缝腻子找平
50宽玻纤带或贴穿孔纸带
A详图

071

【轻型墙体连接】

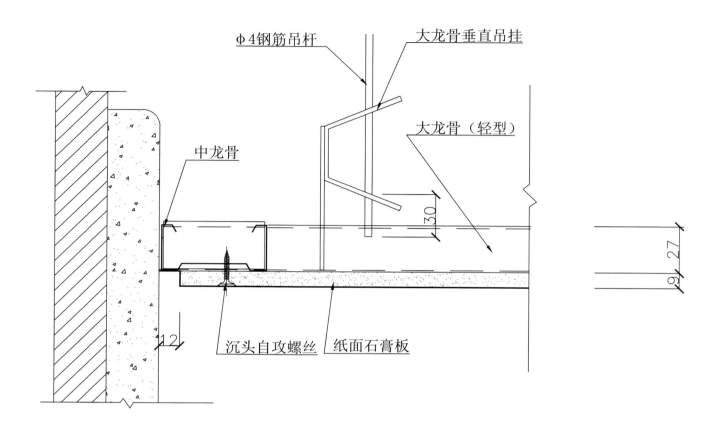

φ4钢筋吊杆　大龙骨垂直吊挂　大龙骨（轻型）　中龙骨　沉头自攻螺丝　纸面石膏板

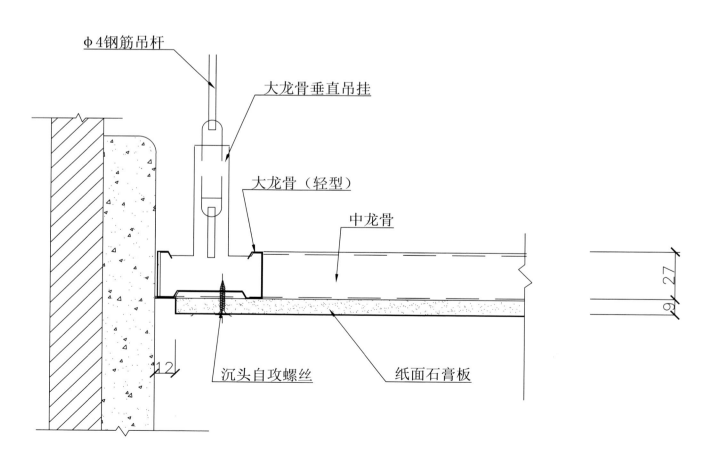

φ4钢筋吊杆　大龙骨垂直吊挂　大龙骨（轻型）　中龙骨　沉头自攻螺丝　纸面石膏板

【中型基本安装】

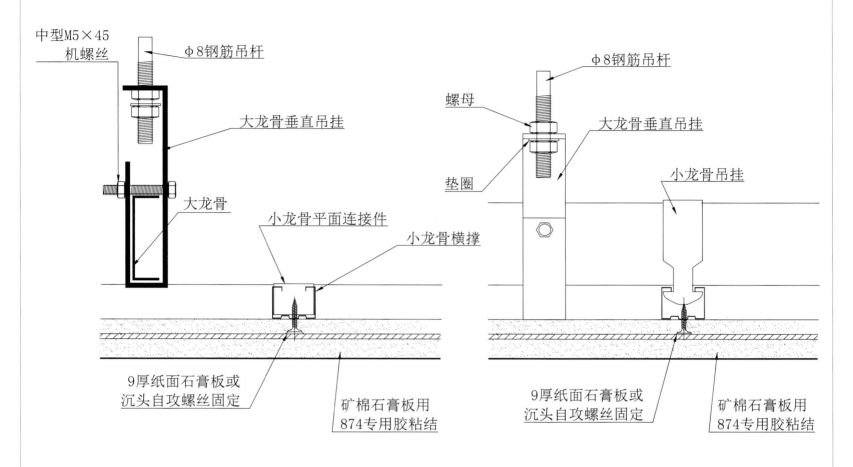

中型M5×45
机螺丝

φ8钢筋吊杆

大龙骨垂直吊挂

大龙骨

小龙骨平面连接件

小龙骨横撑

9厚纸面石膏板或
沉头自攻螺丝固定

矿棉石膏板用
874专用胶粘结

φ8钢筋吊杆

螺母

垫圈

大龙骨垂直吊挂

小龙骨吊挂

9厚纸面石膏板或
沉头自攻螺丝固定

矿棉石膏板用
874专用胶粘结

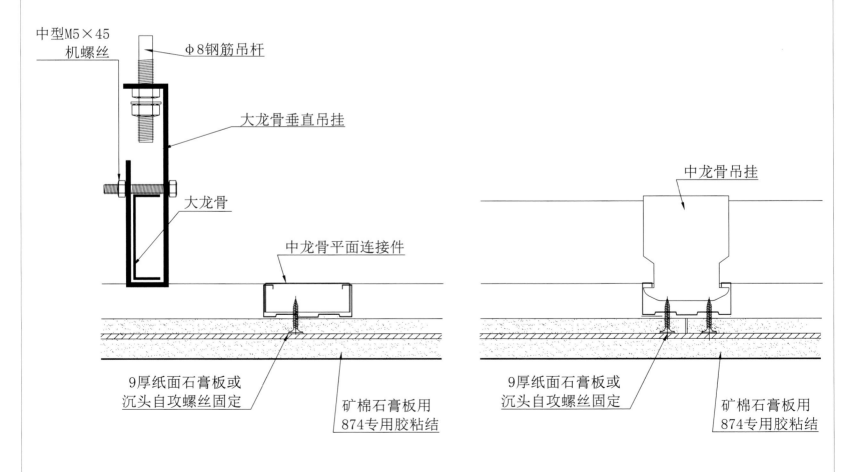

中型M5×45
机螺丝

φ8钢筋吊杆

大龙骨垂直吊挂

大龙骨

中龙骨平面连接件

9厚纸面石膏板或
沉头自攻螺丝固定

矿棉石膏板用
874专用胶粘结

中龙骨吊挂

9厚纸面石膏板或
沉头自攻螺丝固定

矿棉石膏板用
874专用胶粘结

【中型墙体连接】

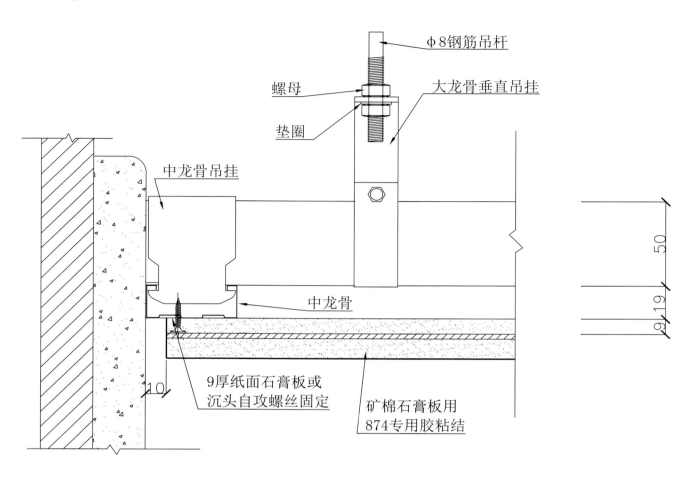

Φ8钢筋吊杆
螺母
垫圈
大龙骨垂直吊挂
中龙骨吊挂
中龙骨
9厚纸面石膏板或
沉头自攻螺丝固定
矿棉石膏板用
874专用胶粘结

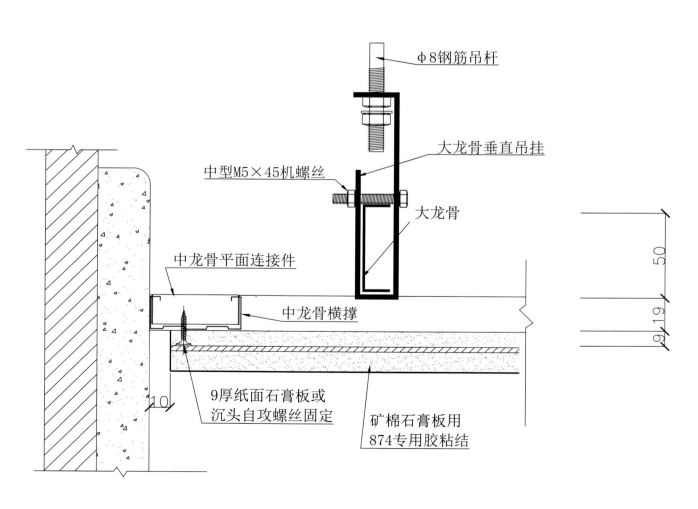

Φ8钢筋吊杆
中型M5×45机螺丝
大龙骨垂直吊挂
大龙骨
中龙骨平面连接件
中龙骨横撑
9厚纸面石膏板或
沉头自攻螺丝固定
矿棉石膏板用
874专用胶粘结

【格栅式吊顶】

　　传统的中式格栅，最为常见的是用在屏风上，同样作为装饰，用在吊顶又是另外一番风味。仅在四个角加上格栅，回应墙面装饰的格栅，仿佛置身古代。先用木材作成框架，镶嵌上透光或磨纱玻璃，光源在玻璃上面。格栅式吊顶也属于平板吊顶的一种，但是造型要比平板吊顶生动和活泼，装饰的效果比较好。一般适用于居室的餐厅、门厅。它的优点是光线柔和、轻松和自然。

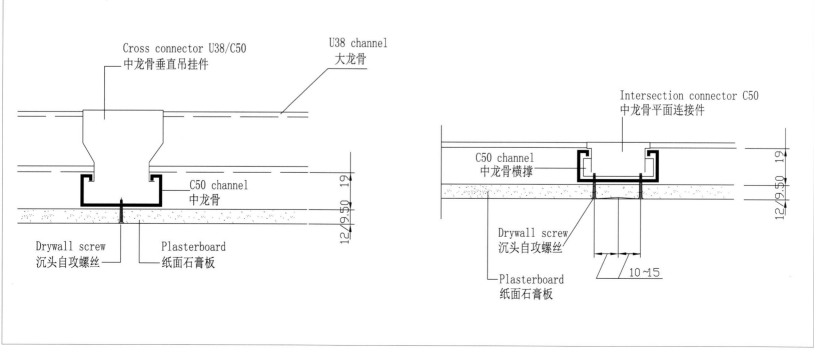

Cross connector U38/C50
中龙骨垂直吊挂件

U38 channel
大龙骨

C50 channel
中龙骨

Drywall screw
沉头自攻螺丝

Plasterboard
纸面石膏板

12/9.50   19

Intersection connector C50
中龙骨平面连接件

C50 channel
中龙骨横撑

Drywall screw
沉头自攻螺丝

Plasterboard
纸面石膏板

12/9.50   19

10~15

【藻井式吊顶】

　　藻井是中国传统建筑中的一种装饰性木结构顶棚，是中国特有的繁复绚丽的装饰技术。图形有方形、圆形、八角形，或将这几种图形叠加成的空间构图，带有各种花纹、雕刻和彩画。其工艺非常复杂，自天花平顶向上凹进，似穹隆状。古代匠人们不用钉子，利用榫卯、斗拱堆叠而成，美得震撼人心。多用在宫殿、寺庙中的宝座、佛坛上方最重要的部位。这类吊顶的前提是，你的房间必须有一定的高度（高于2.85m）且房间较大。它的式样是在房间的四周进行局部吊顶，可设计成一层或两层，装修后的效果有增加空间高度的感觉，还可以改变室内的灯光照明效果。

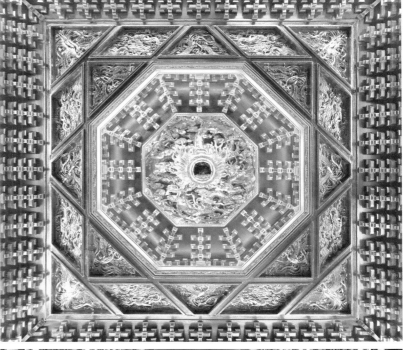

【人字形吊顶】

越来越多的顶楼户型会有传统的人字形屋顶，这样的屋顶做普通吊顶有一定的局限性。但设计成古代屋檐的式样，选择比较合适的颜色和花纹的木板，可以为原本不整齐的空间带来古朴情趣。中式风格适合用木质面板饰面的几何形装饰梁组合，根据房顶的形状做成吊顶。

【地面】

    底层地面的装修基本构造层分为面层、垫层和地基；除有特殊使用要求外，地面的装修都应满足平整、耐磨、不起尘、防滑、防污染、隔音、易于清洁等要求。另外需要注意5个原则：变化与统一，对比与调和，尺度与比例，节奏与韵律，对称与均衡。一般新中式风格的房子，地面会使用仿古瓷砖或者大理石，这些地砖的颜色本身不会太抢眼，在质感上也适合中式的氛围。中式装修一般都是比较稳重的，因此在选择客厅瓷砖的时候不要选择太过花哨的颜色，地面的瓷砖颜色要比墙面深一点，这样才会有更好的衬托作用。一般客厅的墙面都是白色的，可以选择的瓷砖颜色有很多。中式客厅地砖颜色的选择同时还要考虑到家具方面，不过中式装修的家具也是比较类似的，不会有太多的不一样，主要是看颜色，地砖的颜色一定要注意能够衬托家具的美观性。

地面装修的主要材料及其特点

　　地面装修是一个很重要的地方，地面颜色是家中较大块的色彩，一定要做好设计，和家中其他色彩搭配。无论用哪种地面材质，都必须保证地面水平。铺贴地面材料时，一定要留有伸缩缝，如果是木地板，伸缩缝更是要留得充足（伸缩缝最后可用踢脚线盖上）。铺贴地面时，不要随意让工人往地面下打孔、钉钉子，这样很容易把地面暗埋的管线打坏，最可怕的是有时候只是把地里的水管打伤了，当时却看不出来，以后再慢慢地渗水，如果一定要打钉子，一定要看好施工图纸再操作。

■拼装式的实木地板给人回忆自然的感受

■不规则纹理是大理石元素的魅力所在

地面装修材料之木地板

　　实木地板以其自然的纹理和调节室内湿度的特性而深受欢迎，被广泛运用在卧室、书房、餐厅、客厅的地面装饰上，它能给人以回归自然的感受。复合地板是最近几年才兴起的地板新秀，它继承了实木地板纹理自然的优点，采取拼装式的施工办法，极为方便，不是专业人员也可施工，加之最近市场上又推出了彩色地板，在实用和装饰效果上和实木地板相比均有过之而无不及，因此受到年轻人的喜欢。

　　木质地板在同样环境条件下，不同的材质都有自己的特点。选购地板首先要确定对地板类型的选择，总体来说分为实木地板、实木复合地板、强化复合地板、竹地板等。在抗变形方面，多层实木复合地板变形量最小，强化地板居中，实木地板变形量最大；导热效果方面，多层实木复合地板优于强化地板，而强化地板要优于实木地板；散热方面，多层实木复合地板与强化地板厚度差不多。最大的区别在于，多层实木复合地板背面的抗变形槽便于空气流通；强化地板的表面为金属氧化物的耐磨层，热量在地表扩散得快且均匀。这样看来，多层实木复合地板、强化地板都比较适合地热使用，总体说用于地热的木地板宜薄不宜厚。

地面装修材料之大理石

　　大理石是天然建筑装饰石材的一大门类，一般指具有装饰功能，可以加工成建筑石材或工艺品的已变质或未变质的碳酸盐岩类。它是由中国云南大理市苍山所产的具有绚丽色泽与花纹的石材而得名。大理石泛指大理岩、石灰岩、白云岩、以及碳酸盐岩经不同蚀变形成的夕卡岩和大理岩等。

　　对于大理石的纹理，有些人或许会不喜欢，因为它不规则，看起来没有什么章法，但这恰恰就是大理石元素的魅力所在。不规则没有章法的纹理像极了极有主见且不理会旁人议论的"思想贵族们"。黑白灰为主的性冷淡配色高贵冷艳，有种独来独往的高傲。这看似不规则无规矩的大理石纹理，其形成却是要经历千万年的高温洗礼，地壳挤压。在地壳底层的千万年间，大理石经历着常人无法想象的高温高压，高温炼就其绚丽丰富的色彩，而高压则挤压出层次丰富多变的花纹。天然纹路灵动而独特，

■釉面砖耐污性强，防滑性好，一般用于厨房和卫生间

■通体砖有很好的防滑性和耐磨性，一般用于厨房和卫生间

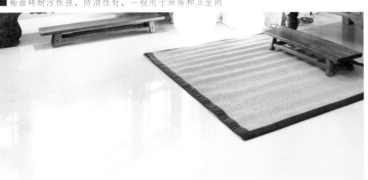
■抛光砖表面光洁、坚硬耐磨，适用于除洗手间、厨房以外的多数室内空间

■玻化砖表面光洁，性能稳定，耐腐蚀，适用于厨房、卫生间及餐厅的墙、地面

透出一种神秘而惑人的奢华不凡气质，剔透晶亮，质感融洽自然界中。

大理石产品具有较高的抗压性能和良好的物理化学性能，在建筑装饰之中比较容易加工，并且装饰效果良好，这些良好的石材本质在经济发展的促使之下，其应用的范围也不断地开始增长，石材的使用量也越来越大，在居家装饰之中占有一席之地。大理石在美观欣赏性、工艺可塑造性等多个方面优于地砖。大理石是天然产品，一座矿山就出一种石材。即便几百年过去还是这种石材，所以大理石是永恒的经典，欧美一些石材建筑历经几百年依然光彩动人、巍峨挺立，时间越久越有韵味。

地面装修材料之地砖

釉面砖：指砖表面烧有釉层的瓷砖，这种砖分为两大类：一是用陶土烧制的，因吸水率较高而必须烧釉，这种砖的强度较低，容易裂缝，现在很少使用；另一种是用瓷土烧制的，为了追求装饰效果也烧了釉，这种瓷砖结构致密、强度很高、吸水率较低、抗污染性强，价格比陶土烧制的瓷砖稍高。这种釉面砖色泽柔和、绚丽，

光滑，装饰性很强，可以随心所欲拼装图案，能与室内其他装饰配合，形成风格独特的装饰效果。这种瓷土烧制的釉面砖目前广泛使用于家庭装修。

通体砖：这是一种不上釉的瓷制砖，整块砖的质地、色调一致，因此叫通体砖，它有很好的防滑性和耐磨性。一般我们所说的"防滑地砖"，大部分是通体砖，由于这种砖价位适中，所以深受欢迎。其中"渗花通体砖"的美丽花纹，更是令人爱不释手。但相对来说，通体砖没有釉面砖那么多华丽的花色，色调较为庄重、浑厚。

抛光砖：通体砖经抛光后就成为抛光砖，这种砖的硬度较高，所以非常耐磨，比较实用。

玻化砖：玻化砖是一种高温烧制的瓷质砖，是所有瓷砖中最硬的一个品种，比抛光砖还要硬，有时抛光砖被刮出划痕时，玻化砖仍然安然无恙，但这种砖的价格较高。家庭装修中较少使用，一般用在公共装饰中人流量比较大的地方。

一般新中式风格的房子地面会使用仿古瓷砖或者大理石等，这些地砖的颜色本身就不会太抢眼，在质感上也适合中式的氛围。

【木地板】

　　木地板，木材的另一个形式。木地板纹理自然，带有独特的温度感，各种装修风格都能轻易 hold 住，是很多人的家装首选。木地板按种类分为以下几大品类：实木地板、强化地板、实木复合地板、竹地板、软木地板等。地板含水率是指地板材质含有的水分，不管是实木地板，还是强化地板，只要是天然材质加工制作而成的木地板，都含有一定的水分。木制品制作完成后，造型、材质都不会再改变，此时决定木制品内在质量的关键因素主要就是地板材质含水率和干燥应力。当木制品使用时达到平衡含水率以后，地板材质最不容易开裂和变形。

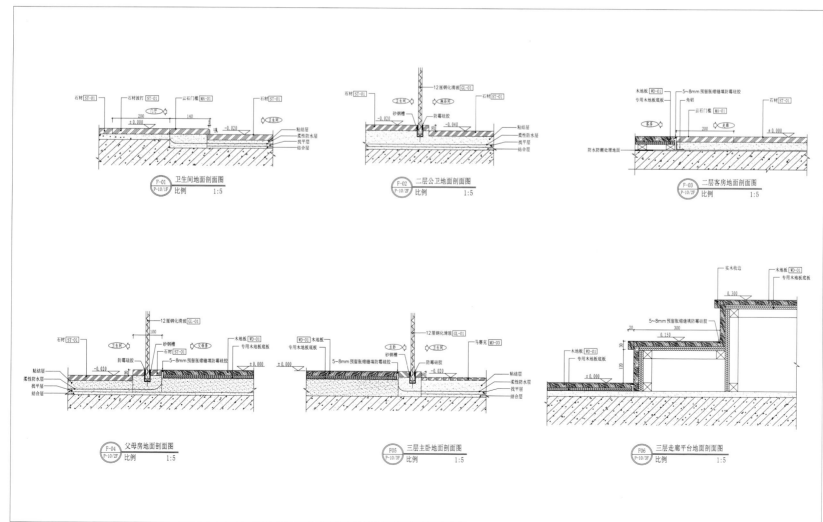

【大理石】

　　大理石，是指原产于中国云南大理的带有黑白灰花纹的石灰岩，其后慢慢演变为指所有带有颜色和纹理的石灰岩。大理石作为室内装饰主材，以其充满古典气息和历史感的纹理及奢华典雅的气质，让人为之倾倒。如同世界上没有完全相同的两片叶子，世界上也没有完全相同的两块大理石。所以，天然大理石铺贴的效果灵活变化、充满了自然的韵律感和艺术感。大理石在美观欣赏性、工艺可塑造性等多个方面优于瓷砖。没有木纹的温和，也没有动物纹理的野性，高冷的大理石元素何时都是自带贵族气质的精英们的所爱。

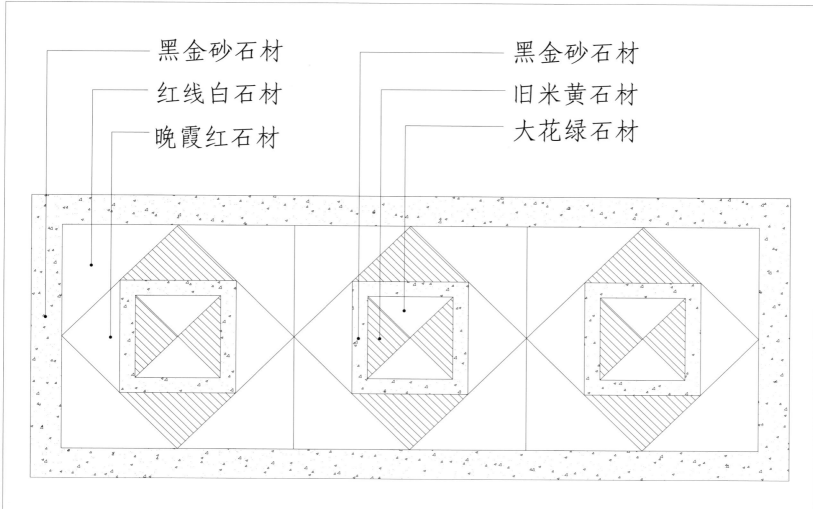

黑金砂石材
红线白石材
晚霞红石材

黑金砂石材
旧米黄石材
大花绿石材

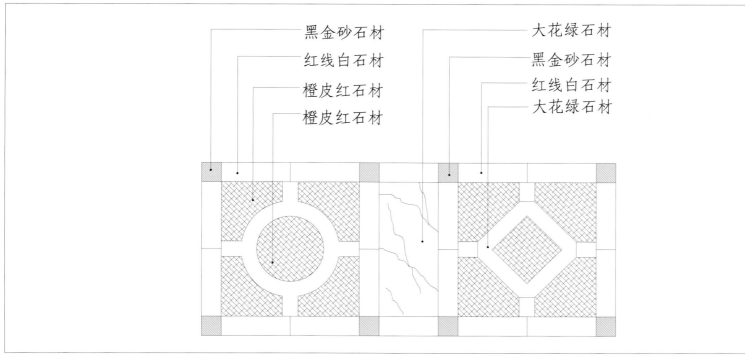

黑金砂石材

大花绿石材

红线白石材

黑金砂石材

橙皮红石材

红线白石材

橙皮红石材

大花绿石材

【地砖】

中国人对地砖（尤其是客厅、卧室地砖）的选择，二十多年来都偏好米黄，不论是街边小卖部还是邻居家，也只是从不那么亮的纯色砖，升级到超级光亮的仿意大利米黄、红磷玉等仿石材表面，整体色调还是偏米黄。国内的地砖基本在高光的路上越走越远，从普通釉面砖到抛光砖、抛釉砖、金刚石再到微晶石，除了价格节节高升，就是不断追求比亮更亮，尺寸也是越来越大。传统中式建筑喜欢用青石板做工字铺，现在也有仿青石板的瓷砖，仿古面或光滑面都有，与新中式家具搭配，这个比很多俗不可耐的款式要稳重大气得多。

【墙体】

　　由于墙体占空间面积比较大，因此墙体设计也成为家居室内设计装饰的重要表达部分，其设计的结果往往成为室内设计效果的主要体现，决定室内设计的主体基调。成功的墙体装饰可以营造出舒适的居住环境，表达居住者的情感愿望，从而调节居住者的情绪，创造愉悦的空间环境。墙壁的材质与色调不同，房间给人的感觉就不一样。无论用什么材质，总体来说家装墙体都不建议用冷色调，中式的更不适合，中国人讲究阴阳结合，中式的外表都是阴，室内要多阳，白色其实也可以，不过要加字画等装饰。不建议用蓝、绿、灰，可以用象白和小米黄。墙面装饰材料，很大程度上奠定了居室的整体风格，可以挑选一些具有中式意境的墙纸作为背景，再据此搭配家具、家纺。如果想要有点创意的话，可以尝试挂上一些中国特有的物件，简单、时尚、有特色。中式装修主要以黑白色为主，装饰适合用明色：淡黄和灰白。

常见的墙体装饰材料

墙壁是房间的构成要素之一，它四面环护房间，起着保温、隔音、防风等作用。它给人的视觉印象最强烈，墙壁的材质与色调不同，房间给人的感觉就不一样。如果墙壁是深色的，带花样多的，那么房间就显得狭小，给人一种压抑感。相反，白色的墙壁使人觉得房间宽敞。

用木料建造的房屋给人以安定感。墙壁装饰材料的选择与墙壁底子有很大的关系。如果墙壁是水泥混凝土的，它本身就具有耐火、隔音的作用，装饰材料也好选择；如果是木头底子墙壁，那么，就得根据房间的用途来选择看是需要防水、或是耐火的装饰材料。

■床头墙面贴壁纸

■全部墙面使用板材

■卫生间大面积贴瓷砖

涂料

涂料涂敷于物体表面，与基体材料很好黏结，并形成完整而坚韧的保护膜，用于墙面的装饰和保护，是当前运用得较多的一种墙体装饰材料。涂料类与其他饰面材料相比，具有重量轻、色彩鲜明、附着力强、施工简便、质感丰富、价格低廉、耐水、耐污、耐老化等许多优点。主要用于住宅、商店、学校、办公楼等内外墙的装饰。

墙纸

墙纸是很常见的墙面装饰材料，而且很大程度上奠定了居室的整体风格。墙纸以多变的图案、丰富的色泽、仿制传统材料的外观、以独特的柔软质地产生的特殊效果，可柔化空间美化环境而深受用户的喜爱。这些墙纸和墙布的基层材料有全塑料的、布织的、石棉纤维基层的和玻璃纤维基层的等等。其功能为吸声、隔热、防菌、防火、防霉、耐水等良好的装饰效果。墙纸其中最大的优势就是其色彩与花纹的选择很多，在美观上会非常好，并且，

旧了可以再换。但要注意的是，壁纸虽然看似在环保上也有很大的提升，但往往由于墙体与壁纸之间的一些胶用得不好，其散发的有害物质会更多。

木材装饰面板

人造装饰面板，木材轻，易于加工，有较高的弹性和韧性，热容量大，装饰性好。在室内装饰方面，木材美丽的天然花纹给人以淳朴、亲切的质感，表现出朴实无华的传统自然美，从而获得独特的装饰效果。板材墙体装饰的使用，多数是在墙的整体上铺基层板材，外面再贴上装饰面板。由于板材的特性，可以通过板材的拼接来做曲线、坑槽等造型，那样解决的墙面既平坦、造型细腻，又防止了少量运用板材带来的拥挤感。这样会让整个装修效果有很大的提升，塑造出不凡的形象。

砖

砖有红砖和黑砖（烧过头而使之稍带黑色）两种。砖块作为墙面的装饰材料富有趣味性，但使用

■ 砖墙采用暖色调，搭配中式花鸟挂画

■ 木质墙体采用暖色调，搭配中式吉祥纹饰

■ 金属墙光彩夺目

不太普遍。一般根据它的色调和质感，用于暖炉周围和装饰性的墙壁。

石材

建筑石材是指具有可锯切抛光等加工性能，在建筑物上用于建筑装饰的部分产品，包括天然石材和人造石材两类。天然装饰石材指天然大理石和天然花岗岩。天然石材是从天然岩体中开采出来并加工成块状或板状材料的总称。石材外观上，档次上会更好，有很强的装饰感，也有很强的层次感、自然感，甚至是文化风范。这样的装饰材料不能大面积，全部使用。这样的装饰材料，在灯光的照射烘托下，美观度会很佳。

金属

金属材料用作建筑装饰材料具有轻盈、高雅、光彩夺目且具有强度等优点。金属材料的最大特点是色泽效果突出。铝、不锈钢，较具时代感，钢材较华丽、优雅，其中古铜色钢材较古典，而铁则古朴厚重。金属材料还具有强韧、耐久性好、保养维护容易等特点。

陶瓷

建筑陶瓷是指建筑物室内外装饰用的较高级的烧土制品。釉面砖是陶瓷建筑材料中较为常用的一种，过去习惯称为"瓷砖"。釉面砖具有很多优良性能：它色泽柔和典雅、热稳定性能好、防火强度高、抗冻、防潮、耐酸碱、绝缘、抗急冷急热并且易于清洗。主要用于厨房、浴室、卫生间、实验室、精密仪器车间等室内墙面。

玻璃

建筑玻璃的装饰性能很丰富，玻璃的装饰特性可划分成玻璃的透光性、玻璃的透明性、玻璃的半透明性、玻璃的折射性、玻璃的反射性、玻璃的多色性、玻璃的光亮性、玻璃表面图案的多样性、玻璃形状的多样性、玻璃安装结构的多样性等。

以上这些，就是平常在对墙面进行装修时经常会用到的几种材料。具体要采用何种材料，要视具体情况而定。

【木墙】

在室内装修中适当地运用一些木材元素点缀墙体会起到很好的装饰效果。通过对不同木材材质的选用，亦或交错的颜色，亦或自然的纹理，亦或是竖向或横向的安装排列，木材都能够很好为居家的氛围营造一个温暖舒适的感觉。而且木材用于室内，不用考虑紫外线或湿气侵蚀等问题，甚至可以不用上漆来还原最原始的木材纹理和颜色。木纹是天然生成的图案，因本身差异和切削时在不同切面而呈现出不同的图案。木材给人视觉上的和谐，不仅仅是其柔和的反射特性，更重要的是木材可以吸收阳光中的紫外线，减轻紫外线对人体的危害；同时木材又能反射红外线，这一点也是木材产生温馨感的直接原因之一。

【金属墙】

在国内，金属墙面尚处于起步阶段，仍有很大的发展潜力。金属和艺术墙似乎是两个互斥的对立面，但它们成为目前的热门趋势，渐渐接管世界室内设计的第一把交椅。金属墙艺术，主要有铁、不锈钢、铜、钛合金等，每件墙艺术都是独家设计，手工打造，使得每件墙艺术都是独一无二的。金属墙适用摆放空间：1、家居空间（私人住所、楼盘样板房）；2、办公场所（办公区、接待区、休息区、会议区）；3、娱乐休闲场所（酒廊、会所、夜总会、茶吧）；4、餐饮行业（酒店、酒楼、宾馆、连锁餐厅）；5、主题空间（主题广场、游乐场、专卖店、主题公园、学校、医院）等。

【石材墙】

　　石材墙以其天然的纹理，自然大气的质感，成为越来越多业主的首选。石材背景墙的选购，首先要考虑的就是与装修风格相搭，不同的装修风格，选择的石材背景墙自然也不相同。市面上的石材背景墙，在颜色和花纹上，可供选择的款式很多。石材背景墙表面加工处理，主要有抛光、哑光、喷沙、斧剁、水冲、火烧等多种方式，一般情况下抛光和哑光使用的会比较多。最好不要选择会产生反光的石材背景墙，这样的背景墙可能会产生美丽神秘的光影效果，但也会破坏掉整体的视觉效果。在选购石材背景墙时，要注意观察它的纹理，好的石材背景墙，纹理流畅、过渡自然，看起来美观大方。

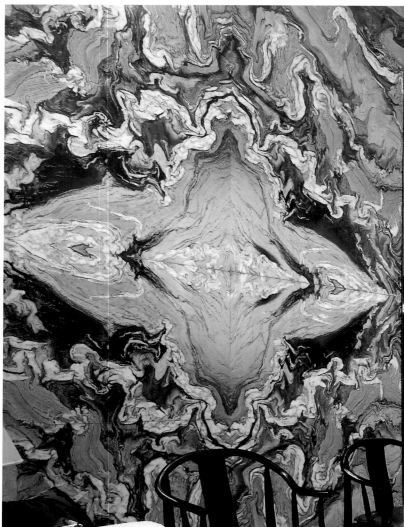

【砖墙】

砖墙独特的纹理和粗糙的质感，受到很多年轻人的喜欢，很多人在装修时会特意留一面粗犷的砖墙，让室内家装弥漫着一股工业风。将砖墙与原木板材相结合，呈现出来的是粗犷古朴的自然生活味道；整个家居空间搭配出了丰富的层次感。早些年建设的厂房、仓库，很多是砖混结构，使用了很多红砖，这些红砖经过几十年时间的洗礼，斑驳的墙面形成历史的痕迹，散发出原汁原味、返璞归真的气质，保存好那一面"伤痕累累"的砖墙，通过设计的手段让其重现精彩，一面裸露的砖墙就是最好的装饰。

【装饰墙】

　　白墙洁净素雅，却也略显单调，用挂画、壁纸装饰太没新意。形式各样、用料丰富的各式主题照片墙正成为居室装饰中最能体现个性的地方；各种颜色，图案和大小的盘子组成的精致的挂盘装饰而成的墙面画富有层次感，添加不同的花色呈现出不同的风格。在家居装饰中，对于墙壁的装饰，我们常会选择简单便捷又具渲染力的壁纸，但要是追求更为自然的品质，已与墙壁融为一体的各式手绘墙，是更好的选择，她千变万化，更具个性与可塑性。收纳装饰墙可增加房间整体的收纳功能，减少凌乱感。

竹外桃花三两枝

春江水暖鸭先知

蒌蒿满地芦芽短

正是河豚欲上时

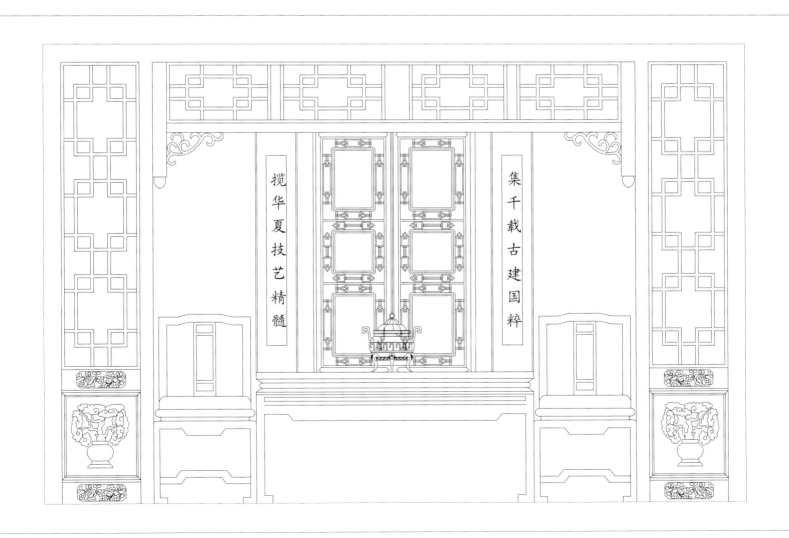

揽华夏技艺精髓

集千载古建国粹

【门】

　　门，是建筑设计的重要组成构件，也是建筑设计的重要装饰的构成要素之一。它随着建筑的发展而发展，并逐步从建筑的结构中独立出来，形成了一系列的门文化。门作为进入一个空间的象征意义，在造型的考虑上更应注重视觉装饰的效果。在中式古典设计中，门的造型可以说是千变万化，有拱形、葫芦形，也有菱形或方形。中式建筑的门的装饰图案最能体现门文化，蕴含着中华民族的传统文化意识形态，有了这些传统装饰图案的修饰，门不再是简单的建筑出入口，更成为了一种文化的象征。明清家具木门对每一件产品制作都舍得用料，甚至有些一木连做，雕刻纹饰，题材也是非常丰富。有相当数量的传统纹样是以动植物为题材，如：牡丹、松、竹、梅、菊、鹤、鱼、龙、蝙蝠等。除了精雕细刻之外，在材质上的表现也是多样化。现代中式木门，主要是在明清家具木门的基础上进行改良。

门的重要性

门，是建筑物的脸面，又是独立的建筑，如民居的滚脊门、里巷的闾门、寺庙的山门、都邑的城门。独特的中国建筑文化，因"门"而益发独特。古人言"宅以门户为冠带"，道出了大门具有显示形象的作用。在旧社会，门是富贵贫贱、盛衰荣枯的象征。谁家越穷，谁家的门就越矮小。特别是在"村径绕山松叶暗，柴门临水稻花香"的偏僻山村，老百姓都扎柴为门，仅仅表示这里有一户人家罢了。只有那些富贵人家，才有讲究：门楼高巍，门扇厚重，精雕细刻，重彩辉映。这样既可与一般老百姓严格区分开来，又可以炫耀于长街，让你还未走近门口，自觉矮了三分，先生几分畏惧。

在中国古典建筑史上，门自古以来便是一种备受重视的建筑类型。作为出入的要道，吐纳的气喉，贫贱的象征，文化的载体，门早已突破了仅仅作为开阖建筑的狭义范畴。它的形式和内容渗透了中国传统文化的浓重色彩，也体现了古代人民强烈的民族情趣。

■门扇作精雕细刻，重彩辉映

■人物和花卉禽兽成为门的装饰主题

门的发展文化

门者，户也；户者，护也；门字在甲骨文上可以看到写法为"門"，形状就是两扇门板，意思就是用来保安全、阻隔危险。"七分门楼三分厅堂"，门作为一个家族的脸面象征和资望体现，会给人带来一种强烈的震撼力和感染力，历代人们对它的重视程度可以想见。故有门风、门第、门面之词。

门不同的建筑形式，不同的装饰花纹都代表着不同时期的文化，门所象征的是户主的地位和资望，所记载的是历史与文化。门是古风今俗的展台，是传统文化的浓缩。古代门窗一般用上好的红木、楠木雕成，历经上百年一点都不变形，经过长年使用反而浸润得更加油亮，现代社会也可以实现此种古代工艺。魏晋以前，门窗都不求装饰；宋代，是中国家具史中空前发展的时期，也是中国古代门窗装饰空前普及的时期，唐宋数百年间，门窗逐渐被规范，实用与装饰并举；尤其明清以后，门窗文化成为重要的建筑装饰艺术门类，充满了世俗意趣的人物故事和花卉禽兽成为装饰主题，工匠们不遗余力地发挥想象，发挥才智，致使门窗艺术千方万华，令人叹为观止。

门的构成和雕刻艺术

■ 门神

■ 石狮

■ 对联

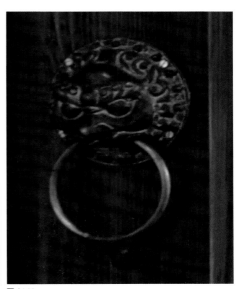
■ 门环

　　只有中国人才会有这样的门文化：门神、石狮、对联、门环。

　　古代的"门扣"，也叫门环，即现代的门铃及门把手的结合体，它的作用是敲门及拉门。古代时，有钱的大户人家在大门上装有装饰性的门环，叫门的人可用门环拍击环下的门钉发出较大的响声。"门扣"的装饰艺术，又是一种吉祥之物的衬托，更重要的是反映了当时民众祈求康乐、太平、富贵、长寿、幸福和祥瑞等观念。

　　门作为进入一个空间的象征意义，在造型的考虑上更是注重视觉装饰的效果。在中式古典设计中，门的造型可以说是千变万化，有拱形、葫芦形，也有菱形或方形。无论哪种形式，目的都是为了加强某一空间的起始

与传承。运用到新中式的设计中，通常在门的四角和上下运用纹饰来装饰，并且在正对入口的方向放置装饰品为对景，以加强空间的纵深感和情趣性。

　　在门的雕刻上，也颇为讲究，每个部件都可以饰以不同的图案，最为典型的是吉语类的福（蝙蝠）、禄（梅花鹿）、寿（麒麟）、喜（喜鹊），或者梅兰竹菊四君子、龙纹、牡丹、兰花等等。将门扇的图案精心雕刻，细腻逼真的图案，折射巧夺天工的技艺，为门扇增添了一抹别样的东方风情。中式门是霸气侧漏的"显豪"，我们可以在其中窥见主人的社会地位，也可以探寻浓缩的传统文化。

【平开门】

　　平开门是指合页（铰链）装于门侧面、向内或向外开启的门。平开门有单开的平开门和双开的平开门。单开门指只有一扇门板，而双开门有两扇门板。平开门又分为单向开启和双向开启。单向开启是只能朝一个方向开（只能向里推或只能向外拉）；双向开启是门扇可以向两个方向开启（既可向里推也可向外拉）。平开门由门套、合页、门扇、锁等组成。消费者需根据居室的门洞尺寸、开启方向、颜色花纹等实际要求选择合适的平开门。平开门的密封性能好，保证了隔音效果。

井字嵌凌式

书条川灯景再古

十字长方式

八角景嵌玻璃

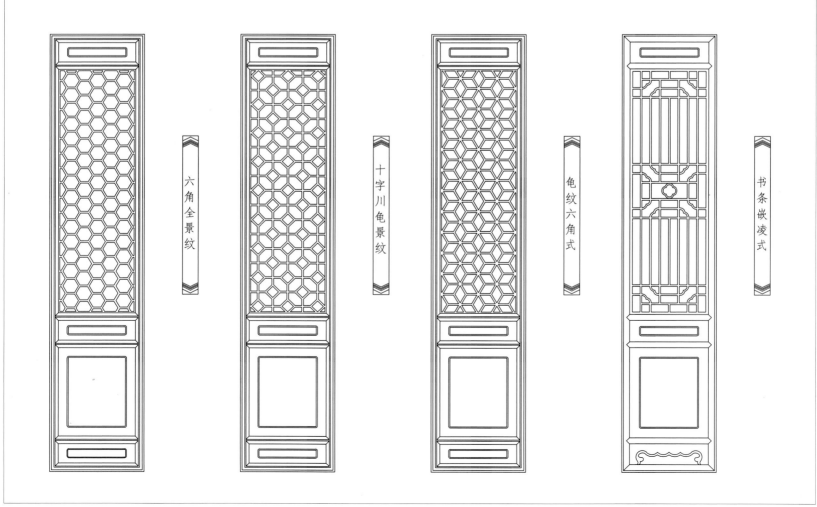

六角全景纹　　十字川龟景纹　　龟纹六角式　　书条嵌凌式

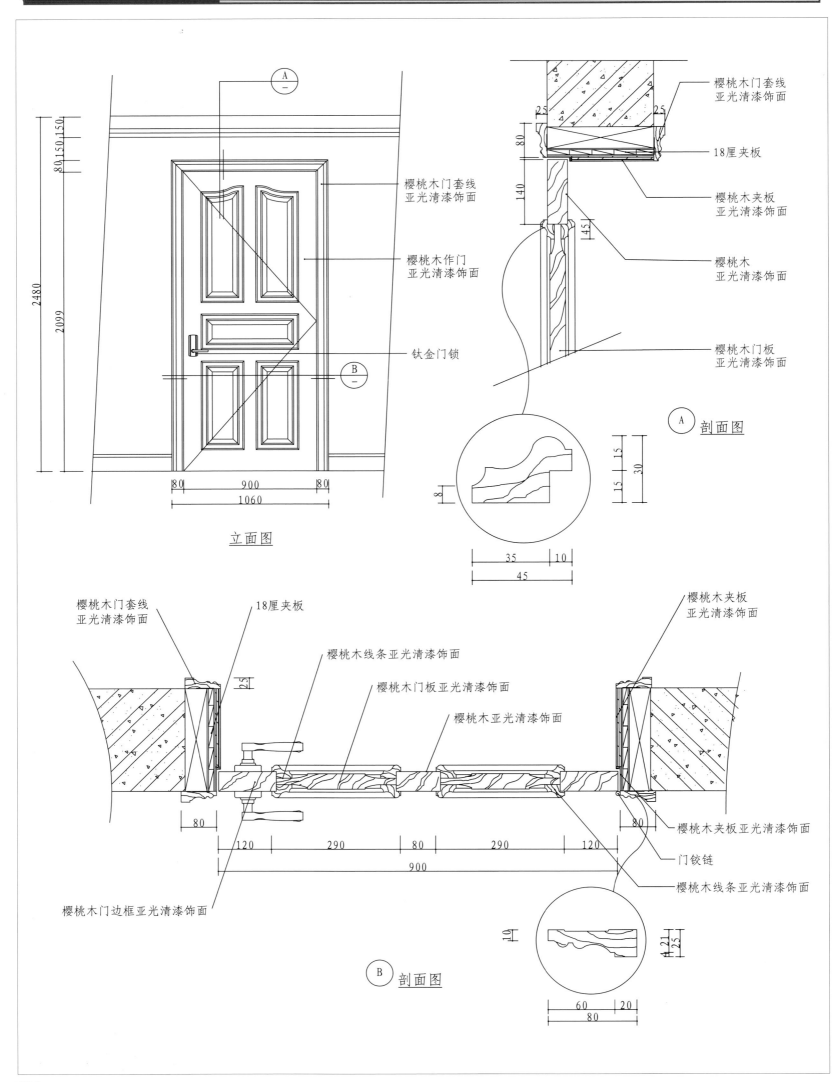

立面图

A 剖面图

B 剖面图

樱桃木门套线
亚光清漆饰面

樱桃木作门
亚光清漆饰面

钛金门锁

樱桃木门套线
亚光清漆饰面

18厘夹板

樱桃木夹板
亚光清漆饰面

樱桃木
亚光清漆饰面

樱桃木门板
亚光清漆饰面

樱桃木门套线
亚光清漆饰面

18厘夹板

樱桃木夹板
亚光清漆饰面

樱桃木线条亚光清漆饰面

樱桃木门板亚光清漆饰面

樱桃木亚光清漆饰面

樱桃木夹板亚光清漆饰面

门铰链

樱桃木线条亚光清漆饰面

樱桃木门边框亚光清漆饰面

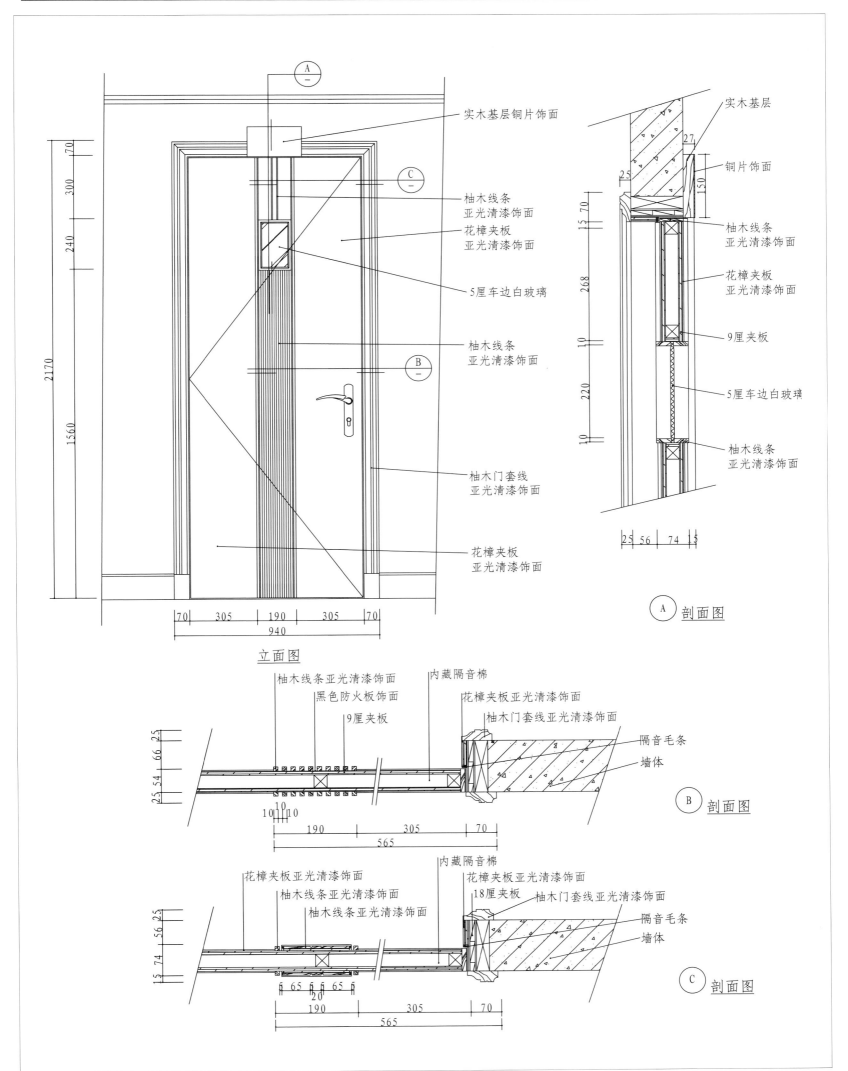

实木基层铜片饰面

柚木线条
亚光清漆饰面
花樟夹板
亚光清漆饰面

5厘车边白玻璃

柚木线条
亚光清漆饰面

柚木门套线
亚光清漆饰面

花樟夹板
亚光清漆饰面

立面图

实木基层

铜片饰面

柚木线条
亚光清漆饰面

花樟夹板
亚光清漆饰面

9厘夹板

5厘车边白玻璃

柚木线条
亚光清漆饰面

Ⓐ 剖面图

柚木线条亚光清漆饰面
黑色防火板饰面
9厘夹板
内藏隔音棉
花樟夹板亚光清漆饰面
柚木门套线亚光清漆饰面
隔音毛条
墙体

Ⓑ 剖面图

花樟夹板亚光清漆饰面
柚木线条亚光清漆饰面
柚木线条亚光清漆饰面
内藏隔音棉
花樟夹板亚光清漆饰面
18厘夹板
柚木门套线亚光清漆饰面
隔音毛条
墙体

Ⓒ 剖面图

【推拉门】

　　推拉门，因其具有节省空间、开合便捷的特性，从最初的只用于卧室或更衣间衣柜，渐渐地用于厨房、浴室、书柜、壁柜、客厅、展示厅、推拉式入户门等。小空间的地方更能体现推拉门的优点。推拉门最大的优点是节省空间，分隔空间却不占用空间，更能满足整个空间对于简、空、整的表现。推拉门具有很好的密封性和隔热性、整体不变形、表面不易老化的特点。推拉门可以保持空间的通透性，降低遮挡采光的几率，颜值高，几乎可以驾驭所有风格。

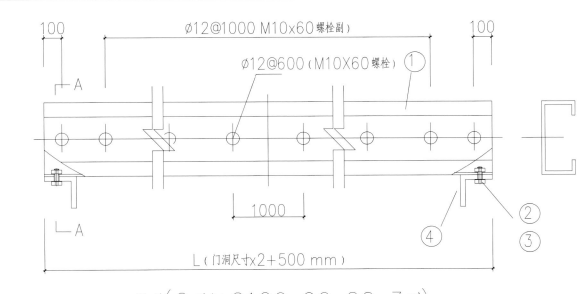

滑道(C型钢,C120x60x20x3型)

A——A 放大图

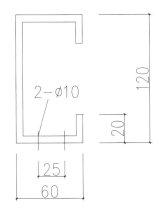

上门挡(L50x50x5角钢)

上滑道组件材料表

零件名称	编号	材质	数量(件)	备注
上滑道	①	A3	1	C型钢
螺母M8	②		2	GB41-86
螺栓M8x25(全丝)	③		2	GB5782-86
上门挡	④	A3	2	角钢制作
M10X60螺栓			10副/6米	包括螺母,垫片等

说明:

1.本上滑道为厚钢C型钢形式,采用3mm厚钢板制作。

2.如滑道总长超过定尺长度,应加连接板焊接并保正平整不能有翘曲现象。

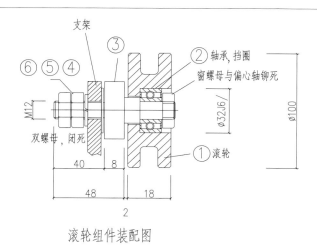

滚轮组件装配图

滚轮组件材料表

零件名称	编号	材质	数量(件)	备注
滚轮	①	45#	1	外协件
向心球轴承80201	②		1	GB278-82
偏心轴	③	45#	1	外协件
平垫片12	④		1	GB-
弹簧垫片12	⑤		1	
螺母M12	⑥		3	GB6175-86

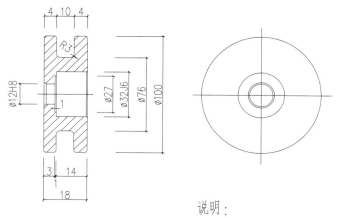

滚轮

说明：

1. 滚轮和偏心轴的未注明倒教为1.5×45°;

2. 滚轮和偏心轴的未注明配合按标准执行。

下滚轮组件材料表

零件名称	编号	材质	数量(件)	备注
下滚轮底板	①	A3	1	外协件
连接轴	②	45#	1	外协件
向心球轴承80028	③		1	GB278—82
螺母M12	④		1	GB6175—86
膨涨螺丝M14			2副	

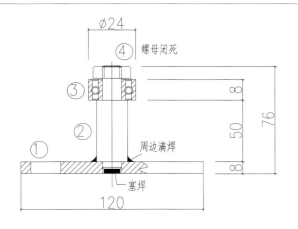

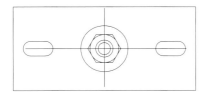

下滚轮组件装配图

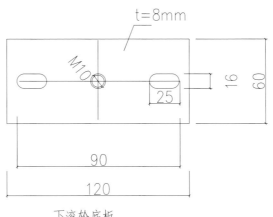

下滚轮底板

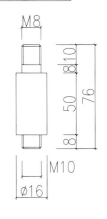

连接轴

说明：

1. 滚轮和连接轴的未注明倒教为1.5×45°；

2. 滚轮和连接轴的未注明配合按标准执行；

3. 所有焊缝应按标准执行。

【窗】

　　窗，作为一种连通室内室外空间的介质，有着其特殊的精神内涵。窗可以将室外的景致引到室内空间中，也可以通过窗框，将室内的环境象征成一幅幅装饰画来丰富建筑的立面。与传统建筑中的其他构件相比，古人对窗寄托了更多的感情，古往今来，不少文人骚客、痴男怨女对着窗外的明月寄托他们的思念。本来简陋的门板洞窗一路演变为精巧的槛窗，款式也多不胜数。传统的门窗除方形之外，还有圆形、椭圆形、木瓜形、花形、扇形、瓢形、重松盖形、心脏形、横披形、多角形、壶形等。窗中之棂亦有无数变化，其中以万字形字系、多角形系、花形系、冰纹系、文字系、雕刻系等最多。中式装修住宅中的门窗一般都是用棂子做成方格图案，比较讲究的家庭也可以雕出灯笼芯等的一些嵌花图案。在某些门窗嵌入中式窗花门片，因其镂空、通透的特性，不仅不影响采光，且较现代的铝窗来得温润有感觉，达到门窗美化的效果。

窗户的功能

窗，古时亦称为牖。中国古代尤其是明清时期的花窗花板，集富贵之相，儒雅之风于一身，既具有丰富的文化内涵，又雕工精美，给人以很高的视觉享受。

中国古人类最开始修建房子，发明门窗的目的很简单原始，就是为了遮风挡雨、保安全。所以形象外表也是十分简陋。从古人造的象形文字中可以看出最初样式。窗字，古汉语里写成"囪"，含义为通风之用。

窗作为一种连通室内室外空间的介质，有着其特殊的精神内涵。窗可以将室外的景致引入到室内空间中，也可以通过窗框，将室内的环境象征成一幅幅装饰画而丰富建筑的立面。同时，室内每个房间也可以通过窗，通过装饰窗框连通室内室外为一个整体。这种传统的修饰手法将室外的景色和植物通过窗引入室内，来丰富室内环境，意在"一卷代山，一勺代水"，以小见大，寓无限意境于有限的景物之中。所以，门和窗的起始正犹如创作一幅山水或是一幅书法中的起笔，所有的神韵和气势均在这动人的一"起"之中。

■一扇古窗景如画，窗棂之外的景致一览无遗

■中式镂空窗大部分运用在园林庭院景致中

中国门窗的发展

中国古代门窗的发展源远流长，其文化内涵是一点一滴积累起来的，古人将更多的感情倾泻在门窗上，使门窗在居住环境乃至建筑艺术中占据极为重要的地位。中国古代家具上也有大量纹饰与图案，但较之门窗，题材还显单调，尤其是内涵丰富的戏曲故事人物，在家具装饰上极为少见。家具以立体存在，门窗以平面存在，这就是门窗题材丰富于家具题材的原因，我们也可以从中看出，门窗与家具相辅相成的根本缘由和文化韵味。

中式门窗花格、仿古实木窗作为中国传统古老的门窗样式，具有非常深厚的历史底蕴和文化内涵。随着时间的推移、时代的变迁、社会的进步，中式门窗花格、仿古实木窗的样式、形态也在发生着变化。从最初的纹样单一、功能简陋，逐渐发展成种类繁多、纹样千变万化、做工精细集实用、艺术欣赏于一体的多功能器物。

中式门窗的每个纹饰与图案都代表着古建筑文化的不同内涵。可以说，中式门窗的发展演变史就是一部中华民族的文明进步史。如今，中式门窗正以一种新的姿态出现在世人面前。经历过了漫长的历史沉淀，她以更加迷人的身段和雅姿吸引当代人。尤其近年来兴起的"民族风"，让当代人更加清楚地了解到中式门窗、仿古实木窗的古典雅致含蓄之美。

中国门窗的造型艺术

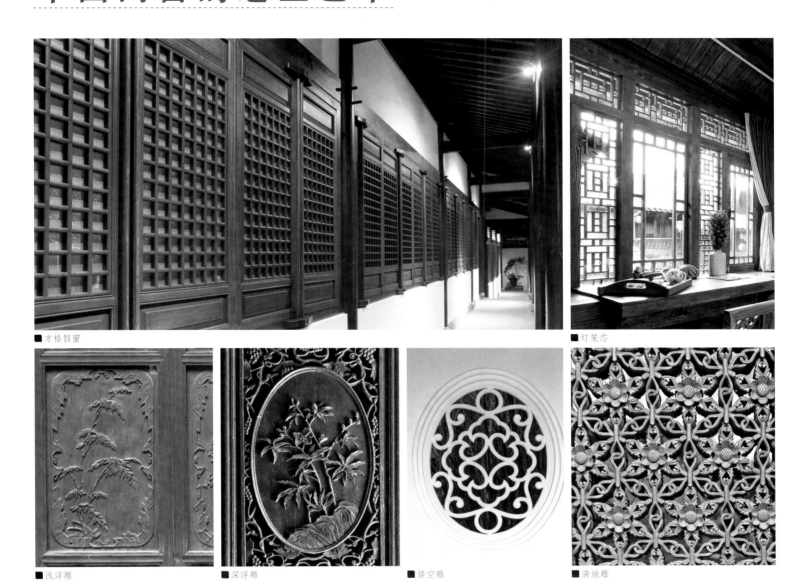

■ 方格假窗

■ 灯笼芯

■ 浅浮雕

■ 深浮雕

■ 锯空雕

■ 满地雕

　　门窗又是建筑造型的重要组成部分，门窗的形状、尺寸、比例、排列、色彩、造型等对建筑的整体造型都有很大的影响。门窗一般均是用棂子做成方格图案，讲究一点的还可雕出灯笼芯等嵌花图案。已装了铝合金窗或塑钢窗的家庭可以在里层再加一层中式窗，这样才可以使整个居室的风格统一。有条件的最好能将开窗的一面墙都做成一排假窗，上面装上有彩绘的双层玻璃，那样就非常漂亮。当然只做窗子也是可以的，如有隔断、屏风点缀就更佳。

　　中式门窗一般均是用棂子做成方格或其他中式的传统图案，用实木雕刻成各式题材造型，打磨光滑，富有立体感。传统门窗一般为木制，故依附在门窗上的装饰也以木雕为主。在宋代的《营造法式》中，将门窗的制作称为"小木作"，这个小木作当然也包括窗上的木雕装饰。运用在门窗雕刻上的种类主要有浅浮雕、锯空雕、深浮雕、满地雕、圆雕、嵌雕、贴雕和线雕等多种。木雕技法在具体操作中常组合起来运用，如圆雕中有浮雕中有线雕，而且常常在一块木雕花板上运用多种雕法，使木雕画面的丰富。在雕刻的技法上，历代艺人根据自己的文化修养、生活积累和了解程度均有不同的表现手法和绝活，加上文人的参与，工艺的改进，使中国传统花窗木雕呈现出多姿多采的风貌。

【开合窗】

　　开合窗顾名思义可以开启。具体又分平开窗和推拉窗。平开窗与平开门一样也有单扇和双扇之分，可以内开或外开。内开式的擦窗方便，但是内开时会占据室内的部分空间；外开式的开启时不占空间，但是刮大风时易受损。但平开窗优点是通风好、密封性好、隔音、保温、抗渗性能优良。平开窗构造简单，制作与安装方便，采光、通风效果好，应用最广。推拉窗不占用室内空间，但通风面积较小（只有平开窗的一半）。推拉窗受力状态好，适宜安装较大玻璃，分上下推拉和左右推拉两种形式。

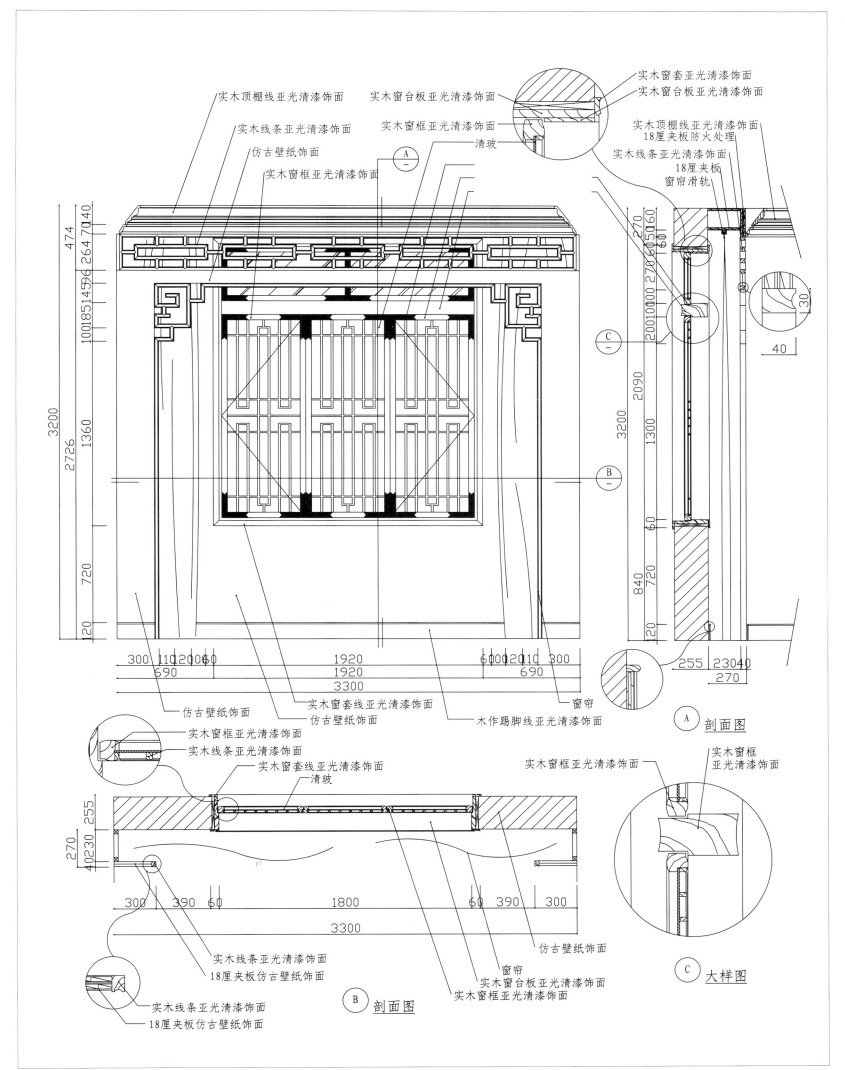

实木顶棚线亚光清漆饰面
实木线条亚光清漆饰面
仿古壁纸饰面
实木窗框亚光清漆饰面

实木窗台板亚光清漆饰面
实木窗框亚光清漆饰面
清玻

实木窗套亚光清漆饰面
实木窗台板亚光清漆饰面

实木顶棚线亚光清漆饰面
18厘夹板防火处理
实木线条亚光清漆饰面
18厘夹板
窗帘滑轨

A 剖面图

C 大样图

仿古壁纸饰面
实木窗套线亚光清漆饰面
仿古壁纸饰面
窗帘
木作踢脚线亚光清漆饰面

实木窗框亚光清漆饰面
实木线条亚光清漆饰面
实木窗套线亚光清漆饰面
清玻

实木窗框亚光清漆饰面

实木窗框
亚光清漆饰面

实木线条亚光清漆饰面
18厘夹板仿古壁纸饰面

实木线条亚光清漆饰面
18厘夹板仿古壁纸饰面

仿古壁纸饰面
窗帘
实木窗台板亚光清漆饰面
实木窗框亚光清漆饰面

B 剖面图

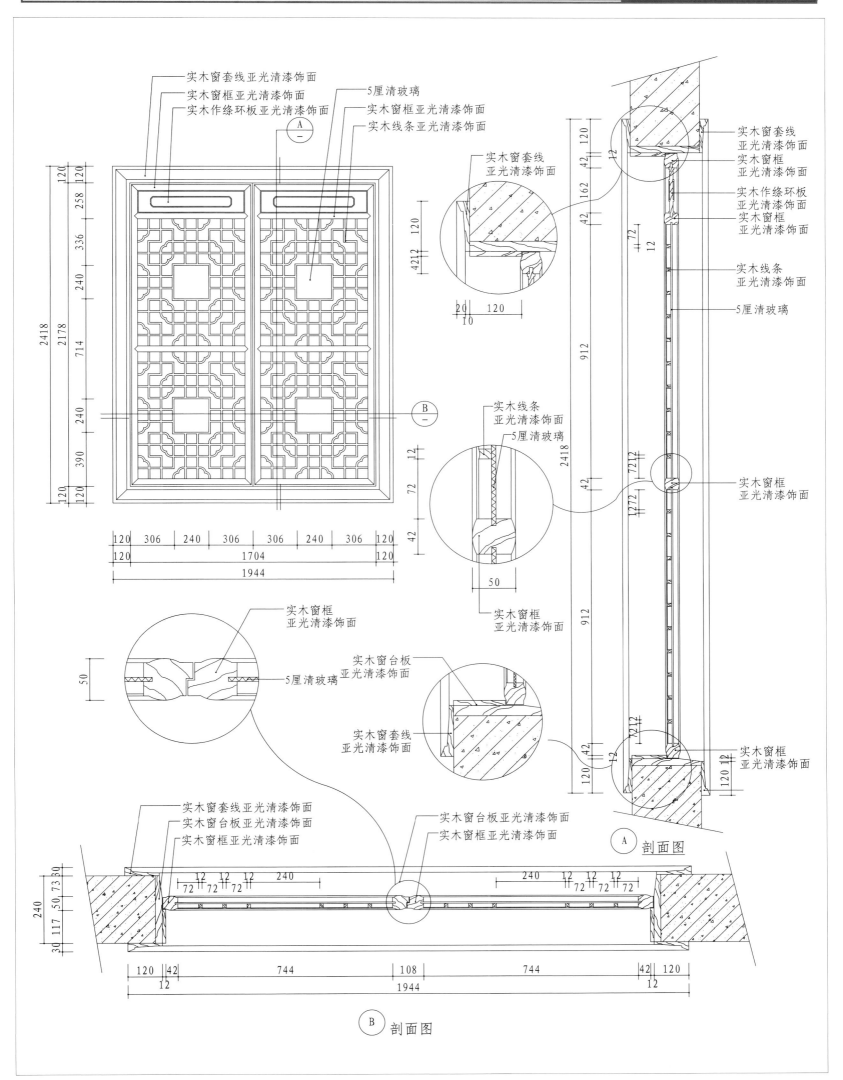

实木窗套线亚光清漆饰面
实木窗框亚光清漆饰面
实木作绦环板亚光清漆饰面
5厘清玻璃
实木窗框亚光清漆饰面
实木线条亚光清漆饰面

实木窗套线亚光清漆饰面

实木窗套线亚光清漆饰面
实木窗框亚光清漆饰面
实木作绦环板亚光清漆饰面
实木窗框亚光清漆饰面
实木线条亚光清漆饰面
5厘清玻璃

实木线条亚光清漆饰面
5厘清玻璃

实木窗框亚光清漆饰面

实木窗框亚光清漆饰面

实木窗框亚光清漆饰面
5厘清玻璃

实木窗台板亚光清漆饰面
实木窗套线亚光清漆饰面

实木窗框亚光清漆饰面

Ⓐ 剖面图

实木窗套线亚光清漆饰面
实木窗台板亚光清漆饰面
实木窗框亚光清漆饰面
实木窗台板亚光清漆饰面
实木窗框亚光清漆饰面

Ⓑ 剖面图

【固定窗】

相对开合窗而言，固定窗不能开启，一般不设窗扇，只能将玻璃等嵌固在窗框上。有时为了同其他窗产生相同的立面效果，也设窗扇，但窗扇只固定在窗框上。固定窗仅作为采光和眺望之用，通常用于只考虑采光而不考虑通风的场合，有良好的水密性和气密性，空气很难通过密封胶形成对流，因此对流热损失极少，玻璃和窗框的热传导是热损失的源泉，固定窗是节能效果较理想的窗型。由于窗扇固定，玻璃面积可稍大些。大固定窗外观大气、简洁，并且视野通透，具有引景入室的效果。可以设计成天窗、百叶窗，适合用在屋顶做天窗、在走道做过道窗等。

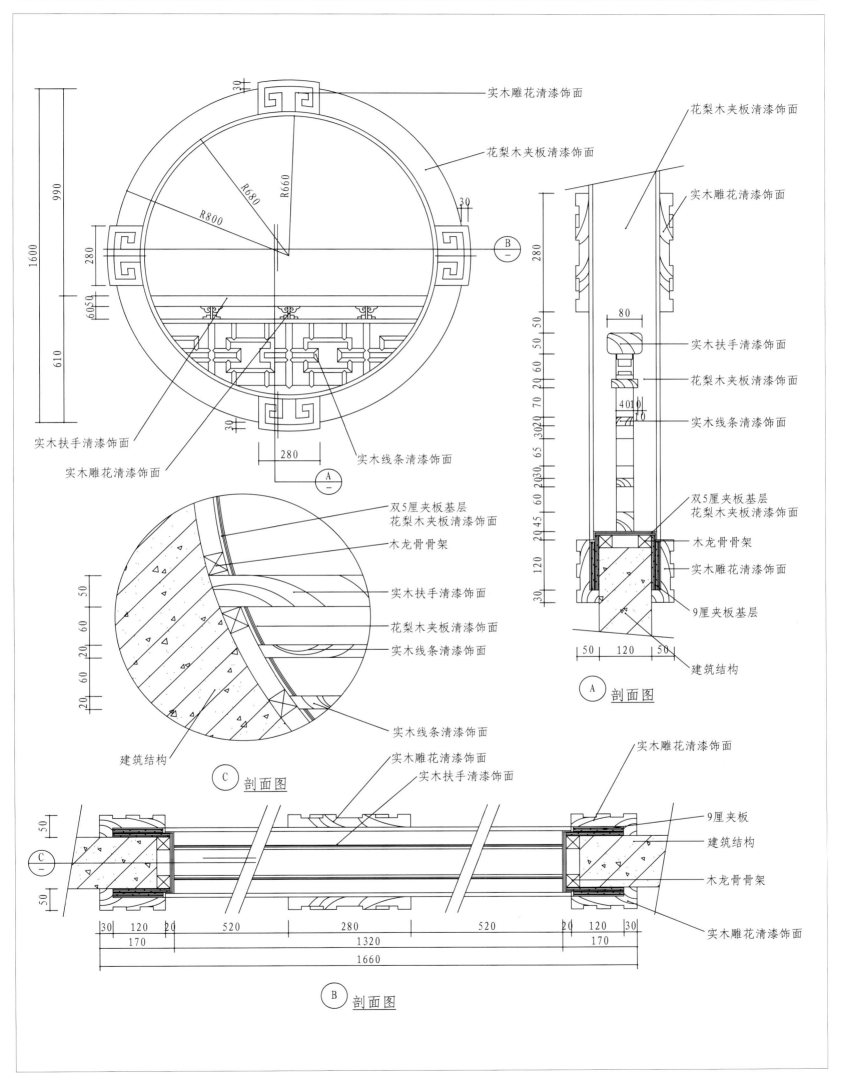

实木雕花清漆饰面

花梨木夹板清漆饰面

实木扶手清漆饰面

实木雕花清漆饰面

实木线条清漆饰面

花梨木夹板清漆饰面

实木扶手清漆饰面

⊙A 剖面图

双5厘夹板基层
花梨木夹板清漆饰面

木龙骨骨架

实木扶手清漆饰面

花梨木夹板清漆饰面

实木线条清漆饰面

实木线条清漆饰面

建筑结构

⊙C 剖面图

花梨木夹板清漆饰面

实木雕花清漆饰面

实木扶手清漆饰面

双5厘夹板基层
花梨木夹板清漆饰面

木龙骨骨架

实木雕花清漆饰面

9厘夹板基层

建筑结构

实木雕花清漆饰面

实木扶手清漆饰面

9厘夹板

建筑结构

木龙骨骨架

实木雕花清漆饰面

⊙B 剖面图

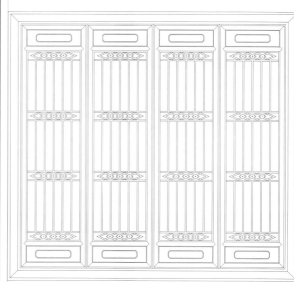

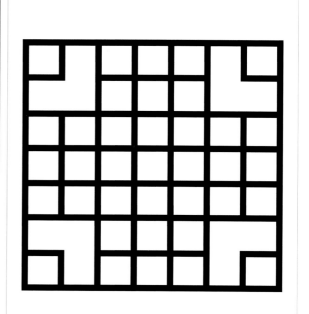

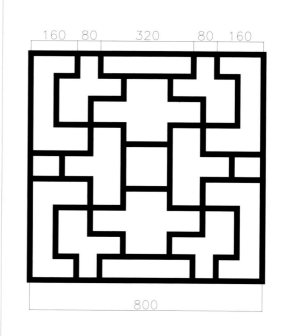

160　80　　320　　80　160

800

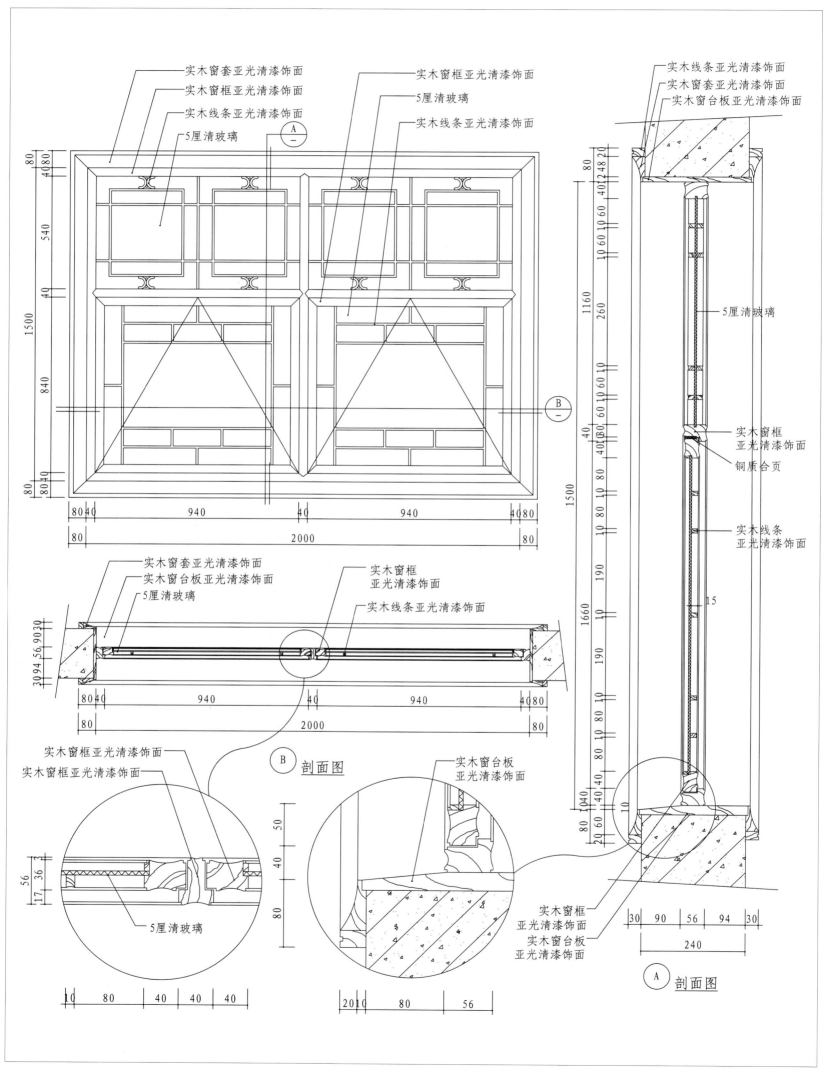

实木窗套亚光清漆饰面
实木窗框亚光清漆饰面
实木线条亚光清漆饰面
5厘清玻璃

实木窗框亚光清漆饰面
5厘清玻璃
实木线条亚光清漆饰面

实木线条亚光清漆饰面
实木窗套亚光清漆饰面
实木窗台板亚光清漆饰面

5厘清玻璃

实木窗框亚光清漆饰面
铜质合页

实木线条亚光清漆饰面

实木窗套亚光清漆饰面
实木窗台板亚光清漆饰面
5厘清玻璃

实木窗框亚光清漆饰面
实木线条亚光清漆饰面

B 剖面图

实木窗框亚光清漆饰面
实木窗框亚光清漆饰面

5厘清玻璃

实木窗台板亚光清漆饰面

实木窗框亚光清漆饰面
实木窗台板亚光清漆饰面

A 剖面图

225

【隔断】

　　中国人讲究隔而不断，隔断，它更像一种仪式和礼法。隔断里，属于更私人的空间，非邀勿进，非诚勿扰。中小户型因受面积限制，完全的区域间隔必然使空间显得仓促；大户型完全不隔，难以很好地划分区域功能。　隔断已成为室内设计的重要部分。隔断设计的好坏，直接影响到合理利用空间的大小。设计好的隔断，不仅增加了空间的通透感，还使空间看上去丰富而有层次，美观指数也是直线上升。中式隔断，不一定要精雕细琢，材料可以是玻璃、刺绣等，主要题材多为中国古代的作品，在古色古香中投射出灵气，多用于门厅的出入处，或柔和地挡住洗手间，或巧妙地将房间隔开。中式隔断属于中国传统文化，隔断不仅能给客厅带来不同的感受，还能很好地烘托这种中式氛围。中式隔断式样复古典雅，样式和材质多种多样，运用到家居中，不仅能巧妙分隔功能区，还能增添古朴的气息。

中式隔断

中式隔断相对于中式屏风来说比较简单，它不一定需要精雕细琢，使用的材质也不一定是木质的，也可能是玻璃的，也可能是刺绣的。主要表现的题材多为中国古代的一些作品，可能不是那么奢华，但是在古色古香中可以依稀透射出那一点灵气。中式隔断一般都用在门厅的进出口，或是柔和地挡住洗手间，或者是巧妙地将房间隔开。

中式隔断的形式多种多样，可以是屏风样式，也可以是一个柜的样式，更可以是一个玄关的样式，但是这个隔断样式中的"中式"是怎么体现出来的呢？那就要看设计师对中国传统文化的熟知程度。一般最常用的设计图形是中式的花格，如"回文格"等，添加了这些元素，这些隔断就基本上被冠上了"中式"的名号。

其实关于隔断的材质有很多种，设计方法也有很多种，选择材质一般都看主人喜好或者空间的风格，以下为大家介绍一些比较适用于客厅隔断的材质。

架式隔断

采用下半部封闭、上半部开放或通透式的博古架，这种隔断方式已经存在很多年了，20世纪90年代的隔断装修多会采用这种方式，它不仅能够进行居室的隔断，还能收纳陈列物品。架子上陈列盆景和工艺品，还能给空间营造艺术气氛，又能使居室的其他房间在视觉上若隐若现，起到隔而不断的作用。

■ 通透式的博古架若隐若现，隔而不断

框架玻璃隔断

采用木框、铝合金、不锈钢做框架，框架里面嵌玻璃。此种隔断的特点是富丽堂皇，适用于比较大的客厅。虽然是全封闭，但是由于是玻璃材质，所以你不也用担心采光问题，而且玻璃材质反光性很强，玻璃材质还具有拉升的视觉效果，所以这也是进行客厅隔断的不错选择。

■ 框架玻璃隔断采光充足，视觉效果极佳

■ 珠帘隔断营造浪漫氛围

帘式隔断

采用布帘、竹帘或珠帘隔断，营造一种浪漫的感觉，既方便，也比较经济。造价不高，而且帘式隔断不用担心采光问题，是很多小清新的妹子喜欢选择的隔断方式。珠帘本身看起来就温馨浪漫，所以小户型可以考虑用帘式隔断进行空间分隔。

■ 家具隔断既美观又实用

屏风、家具隔断

屏风隔断相信是最受欢迎的，屏风隔断样式多样，现代的、复古的、中式的、西式的，能够满足你任何的装修风格，而且屏风隔断还有镂空材质，这样你不用担心隔断做了好了以后餐厅太昏暗。现在的屏风隔断下面还可以安置柜子，增加了收纳功能，可以用来放置鞋具和雨具，既能可以起到装饰、又能起到隔断和收纳的作用。

【隔断墙】

隔断墙属于室内非承重分隔墙中的一大类，是完成大多室内结构布局分隔的重要组成部分。隔断墙用于室内分隔，通常需要和顶、地、其他墙面做牢固连接。需同时满足高层防火要求、抗震级要求、抗侧撞击要求、长期使用要求、高雅美观要求、可重新拆装要求、室内环保要求等。隔断墙设置后一般固定不变。隔断墙最常见的有两种墙体：轻钢龙骨石膏板墙和轻体砖砌筑墙。轻钢龙骨石膏板墙：施工简单，隔音保温差。轻体砖砌筑墙：墙体结实，各项性能好。

231

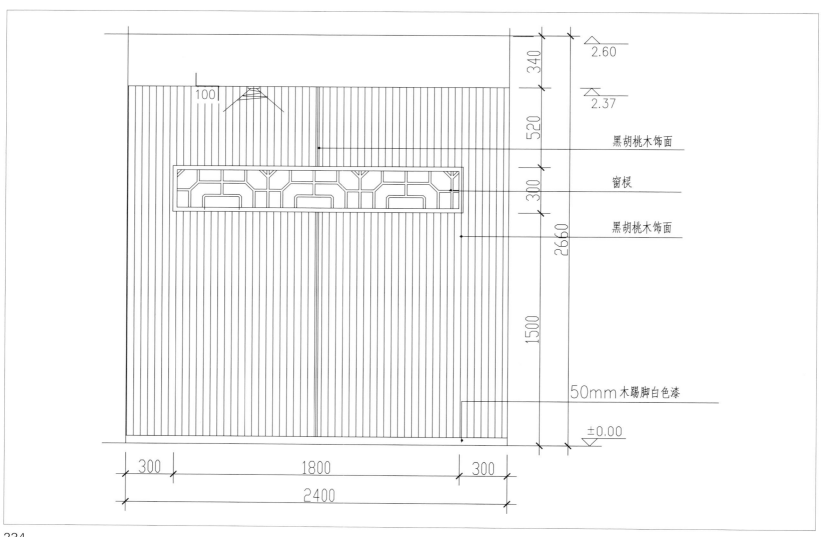

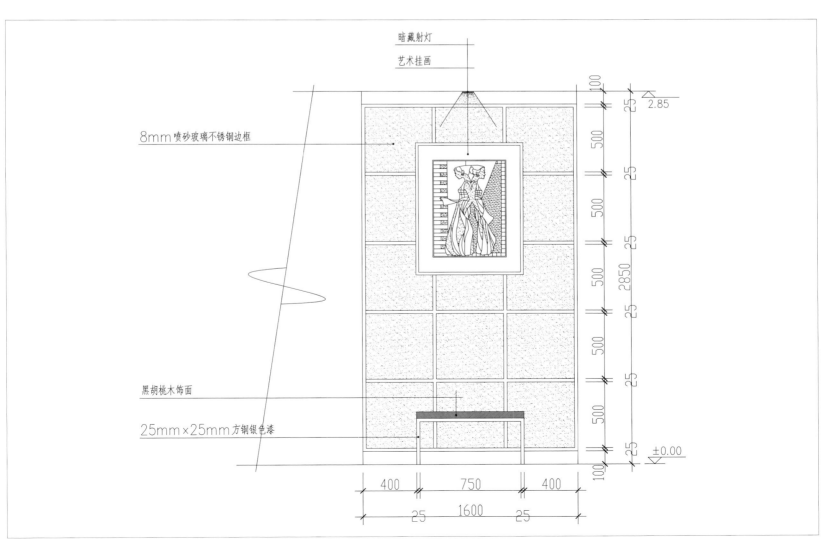

暗藏射灯

艺术挂画

8mm 喷砂玻璃不锈钢边框

黑胡桃木饰面

25mm×25mm 方钢银色漆

2.85

±0.00

【家具隔断】

通常情况下，"硬"隔断有严格的隔断界线，比如隔墙，但其有阻碍视线和光线的缺陷。我们应该让隔断"软"一些，更灵活多变些。书架隔断：用书架把客厅和书房快速区分开来，工作娱乐两不误。矮柜隔断：将收纳与隔断功能完美结合，并且不妨碍空间的整体性。吧台隔断：吧台巧妙地将客厅与书房隔离开来，让家充满个性与情调。屏风隔断：屏风在我国很早就有使用，这种屏风移动方便，灵活巧妙，装饰性极强。沙发隔断：这恐怕是最容易实现的隔断了，只需要合理摆放沙发位置，就能轻轻松松隔断分区。除此之外，酒柜、博古架隔断、柜体隔断等也是常被运用的家具隔断。

【立板隔断】

　　立板隔断主要是通过一个竖板的形式布置的隔断，也叫立板隔墙，是在室内空间安装一块竖板，将室内空间合理划分为不同功能的使用场所。可以根据要求自行在竖板上装饰壁画、涂鸦、油画等各类装饰。在不同区域的划分方面还比较实用。隔断无论其样式有多大差别，都无一例外地对空间起到限制、分隔的作用。比较常用的立板隔断主要材质有：玻璃、木板、镂空木墙等等；使用玻璃和镂空木墙进行隔断有一个非常大的好处就是能让整个空间有一定的通透感，这样居室就不会因隔断而显得压抑。

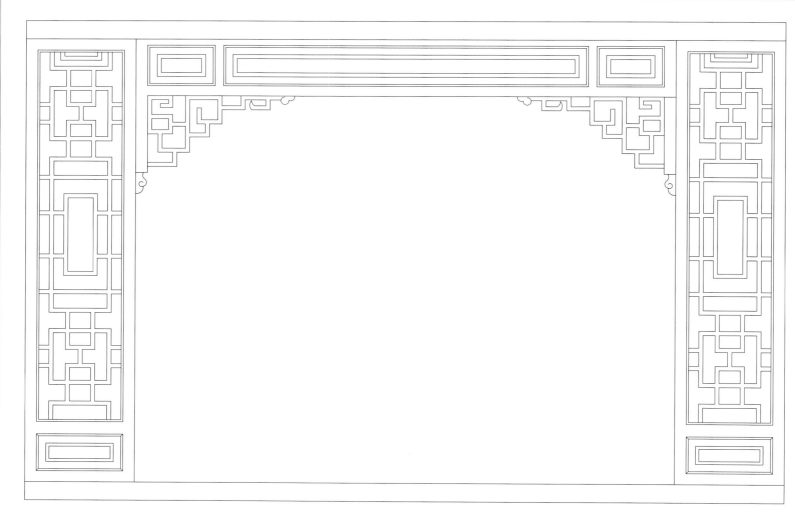

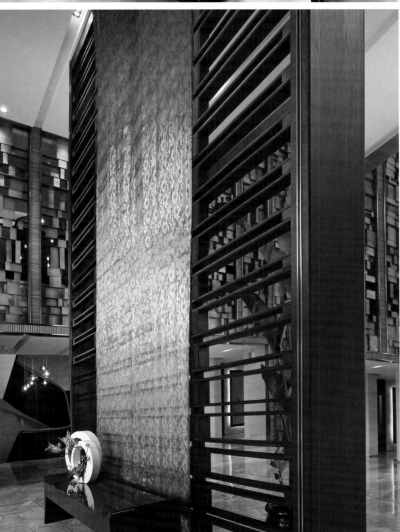

| 隔断墙 | 家具隔断 | 立板隔断 | 软隔断 | 隔断 |

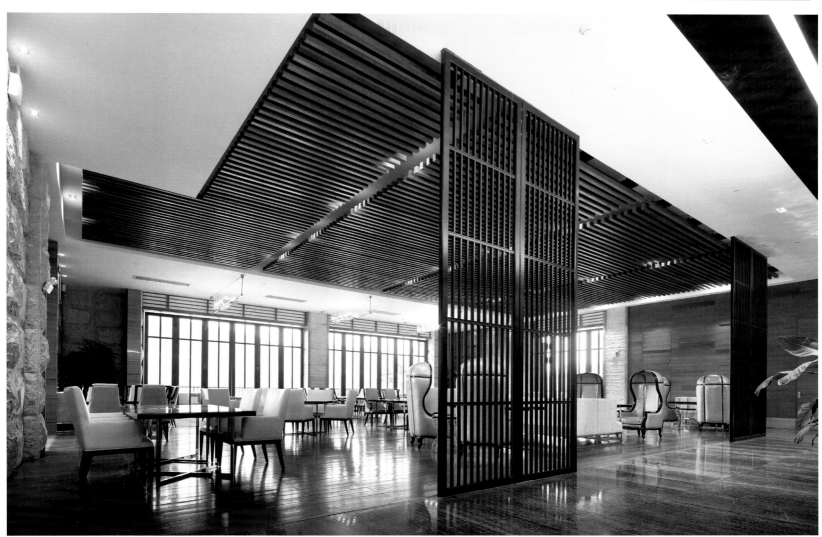

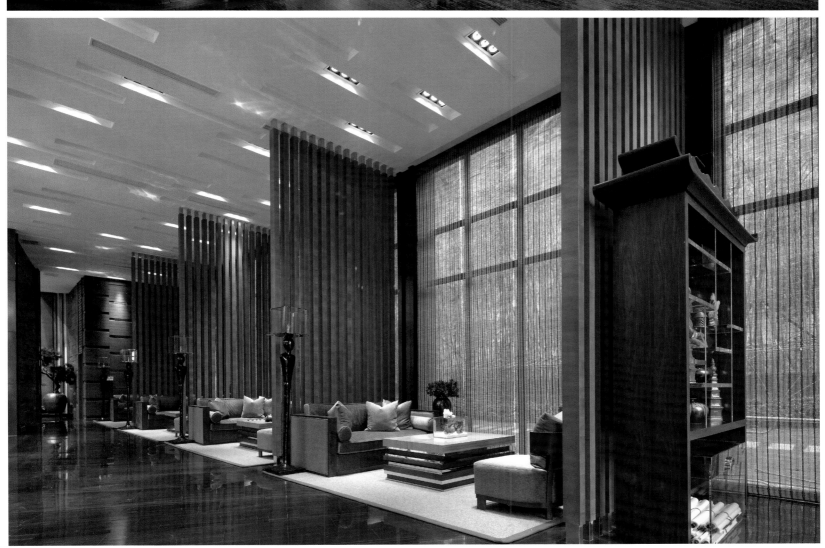

249

【软隔断】

这里指的软隔断，比较狭义，主要是指布帘、纱帘、珠帘等帘式隔断。这类隔断从视觉上进行分隔，可以使空间达到隔而不断的效果。软隔断的形式一般包括：用颜色区分、用高低差区分、用物体分隔、用灯光分隔等几种。一般根据房间大小、布局和风格选择确定具体使用哪种形式的软隔断。不用时，帘式隔断可以拉上或挂起，保持整体空间的完整性；帘式隔断，能形成不同的光感效果。在自由开合的同时，增添居室的舒适感。

【通道】

　　中式通道给人一种曲径通幽的感觉，充满东方意境和气质，给人一种在静谧的空间和在尘嚣中觅一方净土的感觉。灯光：明亮的光线可以让通道空间显得宽敞，也可以缓解狭长通道所产生的紧张感。通道常用多个筒灯、射灯、壁灯来营造光环境。顶面：通道上方一般有梁，所以要作吊顶处理，吊顶宜简洁流畅，图案以能体现韵律和节奏的线性为主，横向为佳，吊顶要和灯光的设计协调。顶面尽量用清浅的颜色，不要造成凌乱和压抑之感。地面最好用耐磨易清洁的材料，地砖的花纹或者木地板的花纹最好横向排布。地面的颜色可比顶面稍深，也可以区别于相邻空间，但是也不宜太深。墙面一般不宜做过多装饰和造型，防止占用空间，增加一些具有导向性的装饰品即可。

通道设计的几种途径

建筑物的内部空间与自然界是需要相互连通的，因此，为了使人们从外界进入建筑物的内部空间时不会产生突然的感觉，在内外空间之间插入一个过渡性空间是十分必要的，这样就产生了在建筑中经常可以见到的，经常被人们挂在嘴边的"通道"。通道本身没有具体的功能要求，只是让人们通过，一般以非常含蓄的形态出现，去陪衬那些主体空间，但又以不可缺少的重要作用，联系着各大空间。

■ 连续性的图案左右人前进的方向

■ 空间的灵活分隔暗示另一个空间的存在

■ 弯曲的墙面把人流引向某个确定的方向

通道是进行空间引导暗示的一种形式，根据具体条件的不同，处理手法是千变万化的，但归纳起来不外有以下几种途径：

利用天花、地面处理，暗示出前进的方向

通过对天花或地面的处理，形成一种具有强烈方向感或连续性的图案，这会左右人前进的方向，促使人沿着其图案的方向前行。有意识地利用这种处理手法，将有助于把人流引导至某个确定的目标。这种方法多用在没有明显通道的空间当中。

利用空间的灵活分隔，暗示出另外一个空间的存在

只要不使人感到"山穷水尽"，人们便会抱有某种期望，而在期望的驱使下将可能作出进一步的探求。利用这种心理状态，有意识地使处于这现有空间中的人预感到另一空间的的存在，就可以把人由一个空间引导至另一个空间。这个方法有点类似于苏州园林中的一些局部。

以弯曲的墙面把人流引向某个确定的方向，并暗示另一空间的存在

这种处理手法是根据人的心理特点和人流自然地趋向于曲线形式为依据的。面对着一面弯曲的墙面，将使人很自然地产生一种期待感，希望沿着弯曲的方向会有所发现，而在不知不觉中顺着弯曲的方向进行探索，于是便被引至某个确定的目标。

在实际工作中这些空间类型既可以单独使用，又可以互相配合起来共同发挥作用，而不局限于一种形式。

通道的几大设计要素

■光影的韵律变化创造生动的视觉效果　　■地面做地花引导凸显通道的功能　　■明亮的光线让空间显得宽敞

由于我们在过道、走廊停留的时间不像在客厅、卧室那样长，它们的设计常常被忽视而显得毫无生气。可以通过以下几个要素的设计，能够让家里空荡荡的过道、走廊"活过来"，宛如艺术画廊一般，客人会为此而慢步驻足，赞叹你有品位的装饰艺术。

顶面

过道上方一般有梁，所以要做吊顶处理，吊顶宜简洁流畅，图案以能体现韵律和节奏的线性为主，横向为佳。吊顶要和灯光的设计协调。常采用顶灯或墙体壁灯，仅作排列布置，充分考虑光影形成的韵律变化，消除走道的单调和沉闷的气氛，创造生动的视觉效果，不做过多的形式变化以避免累赘。顶面尽量用清浅的颜色，不要造成凌乱和压抑之感。

地面

地面最好用耐磨易清洁的材料，地砖的花纹或者木地板的花纹最好横向排布。地面的颜色可比顶面稍深，地面由于几乎完全裸露的特点，在材质选用上应兼顾到其他空间（如起居室、卧室、卫生间等）的地面材料变化，也可以区别于相邻空间。注意地面的视觉效果，防止噪声，以保持空间的独立性。比如色彩斑斓、花样丰富的地毯就能让过道、走廊的地面更加鲜活动人。

墙面

作为走道空间主角的墙面，其装饰应符合人的视觉观赏上的生理需要，一方面可以从界面上进行包装装饰，另一方面从艺术形式上进行装点美化，如装饰挂画等。一方面它反映设计者的艺术修养和专业素质，另一方面应与其他空间的设计协调。走廊的墙上挂上艺术画或者艺术照片、摆设雕像、花卉植物，都是不错的选择。

灯光

通道、走廊光线不足会显得深暗，让空间有逼仄感，身处其中人会觉得幽闭恐怖，所以要尽可能让通道、走廊明亮起来。比如可以通过天窗引入尽可能多的自然光，如果没有透明的天花板和窗户能投入足够的自然光，可以补充灯光，无论是隐藏式照明还是吊灯都可以。明亮的光线可以让空间显得宽敞，也可以缓解狭长过道所产生的紧张感。

过道的设计根据情况不同，设计的重点和处理的技巧也不同。对于封闭式且很狭长的过道，可以在过道的末端做对景台，吸引人的视线，让人感觉不到狭长。在一个大空间内的开放式过道，这就需要我们从顶面和地面来区分它的空间，可以做顶面地面造型或材质的呼应，也可以在地面做地花引导，来凸显过道的功能。开放式的过道要十分注意与周边环境的融合和协调。如果是一个半开放式又比较宽敞的过道，那么墙面可以作为设计的重点，我们可以通过材质的凹凸变化，丰富的色彩和图案等增加过道的动感。过道、走廊是一个宝藏，一定要重视起来利用起来，让它变得独特、漂亮、发挥效用。

【木地板】

　　木地板，木材的另一个形式。木地板纹理自然，带有独特的温度感，各种装修风格都能轻易 hold 住，是很多人的家装首选。木地板按种类分为以下几大品类：实木地板、强化地板、实木复合地板、竹地板、软木地板等。地板含水率是指地板材质含有的水分，不管是实木地板，还是强化地板，只要是天然材质加工制作而成的木地板，都含有一定的水分。木制品制作完成后，造型、材质都不会再改变，此时决定木制品内在质量的关键因素主要就是地板材质含水率和干燥应力。当木制品使用时达到平衡含水率以后，地板材质最不容易开裂和变形。

【大理石】

　　大理石，是指原产于中国云南大理的带有黑白灰花纹的石灰岩，其后慢慢演变为指所有带有颜色和纹理的石灰岩。大理石作为室内装饰主材，以其充满古典气息和历史感的纹理及奢华典雅的气质，让人为之倾倒。如同世界上没有完全相同的两片叶子，世界上也没有完全相同的两块大理石。所以，天然大理石铺贴的效果灵活变化、充满了自然的韵律感和艺术感。大理石在美观欣赏性、工艺可塑造性等多个方面优于瓷砖。没有木纹的温和，也没有动物纹理的野性，高冷的大理石元素何时都是自带贵族气质的精英们的所爱。

【地砖】

　　中国人对地砖（尤其是客厅、卧室地砖）的选择，二十多年来都偏好米黄，不论是街边小卖部还是邻居家，也只是从不那么亮的纯色砖，升级到超级光亮的仿意大利米黄、红磷玉等仿石材表面，整体色调还是偏米黄。国内的地砖基本在高光的路上越走越远，从普通釉面砖到抛光砖、抛釉砖、金刚石再到微晶石，除了价格节节高升，就是不断追求比亮更亮，尺寸也是越来越大。传统中式建筑喜欢用青石板做工字铺，现在也有仿青石板的瓷砖，仿古面或光滑面都有，与新中式家具搭配，这个比很多俗不可耐的款式要稳重大气得多。

【楼梯】

　　楼梯作为楼层间垂直交通的构件，主要用于楼层之间和高差较大时的交通联系。作为室内装修的一部分，楼梯的布局应该合理美观，楼梯口最好不要正对大门。如果出现这种状况，可以采取一些小技巧把楼梯口转换方向，比如设计成弧形；根据制作材料的不同，楼梯可以分为木质楼梯、金属楼梯、混凝土楼梯等等；木质楼梯在制作上比较简单，适合田园风格；金属楼梯更具现代感，施工也方便。扶手设计也是整个楼梯设计的关键，在材质上也有木扶手、钢扶手、不锈钢扶手、铜扶手等。栏杆的高度在90厘米左右。一般楼梯护栏的材质与扶手相同，也有一些采用其他的材料，比如喷砂玻璃、铸铁、铸钢等。护栏的焊接一般采用满焊，在焊接时要注意细致，保证接口光滑。在新中式风格的别墅中，楼梯的造型与欧式古典风格中常见的螺旋形和弧线形梯不同，多采用直线型和折线型梯。在楼梯的选材上，多采用了砖木混合结构。

楼梯的设计规范

楼梯的设计规范是有章可寻的。室内楼梯通常需要遵循一定的规范，才能让人看得舒畅、走得顺畅，而且耐用、安全。

室内楼梯踏步的斜度设计规范

踏步的斜度通常是由层高、洞口周边的空间大小条件来决定的。楼梯踏板的前沿连成的直线和水平夹角称为楼梯的斜度。室内楼梯的斜度一般为30度左右最为舒适。室外楼梯一般斜度要求比较平坦。

室内楼梯板设计规范

楼梯板的规格包括踏板和立板的规格，一般要求适应于人的脚掌尺寸。一般踏板宽，立板低的踏步会较为舒适。室内楼梯的踏板宽度应不小于24厘米，一般在28厘米最舒适。立板的高度应不高于20厘米，一般在

18厘米最舒适。而且各个踏板宽和立板高应该是一致的，否则容易使人摔倒。

室内楼梯步长设计规范

步长即楼梯的宽度。室内楼梯的步长一般为90厘米，既省空间又让人行走舒适。楼梯设计规范虽然经常被提到，但是没有一个确定的指标，都是大的楼梯企业做出的，也是楼梯行业约定俗成的，所以说所谓的楼梯设计规范是没有具体的行业硬性标准。

楼梯在空间的处理方式上有着特殊的造型和装饰作用。楼梯踏步的高度（还有踏面宽度和高度之比）主要是根据建筑物的主要使用功能（或特点）来确定的，比如幼儿园比大学生宿舍楼梯踏步的高度就要低很多，火车站的楼梯就比较平缓，商场和医院的比较类似等等，这些在设计规范上都有具体的规定。

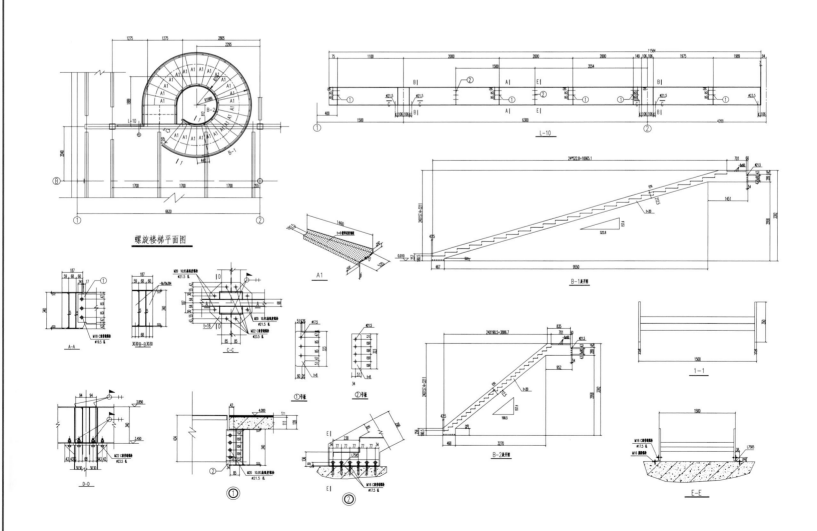

楼梯的样式

楼梯的样式在住宅中，从形式上可分为旋转式、直跑式、弧形楼梯及异形楼梯。从建筑艺术和美学的角度来看，楼梯是视觉的焦点，也是彰显主人个性的一大亮点。相对于空间比较小的顶层带阁楼式住宅，一般适用旋转楼梯和直跑楼梯、异形楼梯；而空间比较大点的别墅及跃层式住宅就可以选择气势宏大一些的弧形楼梯。

直梯最常见也最为简单，几何线条，方向感强，中间均有平台。"一字形"直梯行走最方便、通畅，但占空间面积也最大；弧形梯以曲线来实现上下楼的连接，这种楼梯美观、大方，而且可以做得比较宽敞，并可依空间变化出多种形状，款式美观，没有直梯生硬的拐角，行走起来比较舒服，但占用面积；旋转楼梯对空间的占用最小，盘旋而上的曲线优美、动人，但不方便老人、小孩和上下搬运物品使用。

■ 旋转楼梯　　　　　■ 直跑楼梯　　　　　■ 弧形楼梯

楼梯的材质

楼梯从材质上分为全木楼梯、全钢楼梯、钢木楼梯、铁木楼梯、钢玻楼梯、大理石楼梯等。木楼梯是目前市场占有率最大的一种楼梯。木质楼梯保暖效果好，给人一种温馨的感觉。但木楼梯的耐磨性较差，不易保养和维护；全钢、钢木和钢玻楼梯时尚、另类；大理石楼梯更适合室内已经铺设大理石地面的居室，以保护室内色彩和材料的统一性。大理石踏板触感生硬且较滑（一般要加防滑条），冷峻、有距离感，但因为装饰效果豪华，易于保养，防潮耐磨，广泛被运用于空间较大的别墅之中；玻璃楼梯符合透明的潮流，更受前卫人群的欢迎。玻璃楼梯的优点是轻盈，线条感性，耐用，不需任何维护，缺点是会给人一种冰冷的感觉。用于踏板的玻璃一般是钢化玻璃，承重量大，以透光不透明的玻璃为最佳。年轻人非常喜欢选择铁艺楼梯，其形式具有强烈的时代气息。铁艺楼梯来源于工厂化设计和制造，其造型新颖多变，不占用空间，安装拆卸也方便。在楼梯的材质上，更多人喜欢"混搭"使用，比如木铁组合、不锈钢与玻璃组合等，比起单一纯粹的材料来，多一种元素的加入就会多一份情趣。

设计中楼梯的样式和材质选择都是由空间的尺度、层高来决定的，无论选择哪一种类型的楼梯都要以方便行走、节约空间为首要前提。

【单跑楼梯】

　　单跑楼梯是指连接上下层的楼梯梯段中途无论方向是否改变，中间都没有休息平台。单跑楼梯类型可以被简单分为：直行单跑、折行单跑、双向单跑等。直跑楼梯往往由两段或多段单跑楼梯组成，中间设休息平台。直跑楼梯方向感强，空间效果好，常常和中庭或庭院等空间结合设置，形成丰富的空间效果。单跑楼梯之所以被认为节省空间，是因为一般梯下的空间还可被用来储藏杂物，或者改造为其他用途。此外，单跑楼梯结构简单，设计与施工都比较简单。单跑楼梯的踏步宽度最好不小于25厘米，高度不大于18厘米。

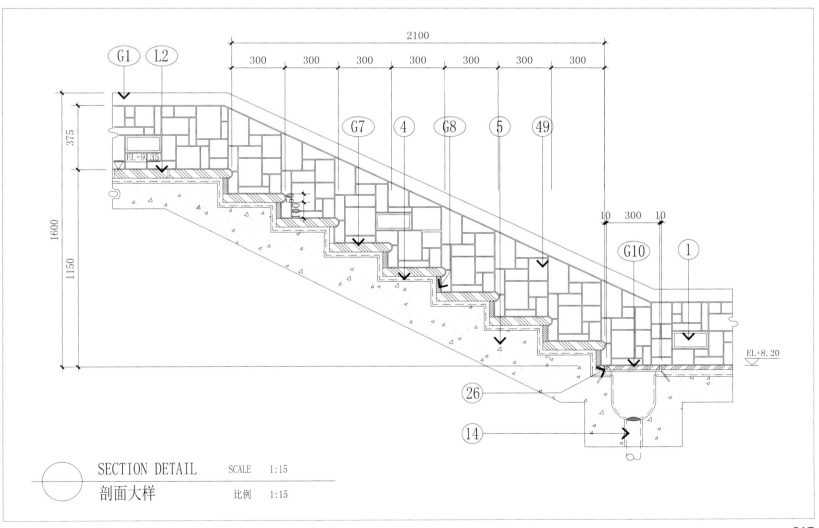

SECTION DETAIL   SCALE   1:15
剖面大样   比例   1:15

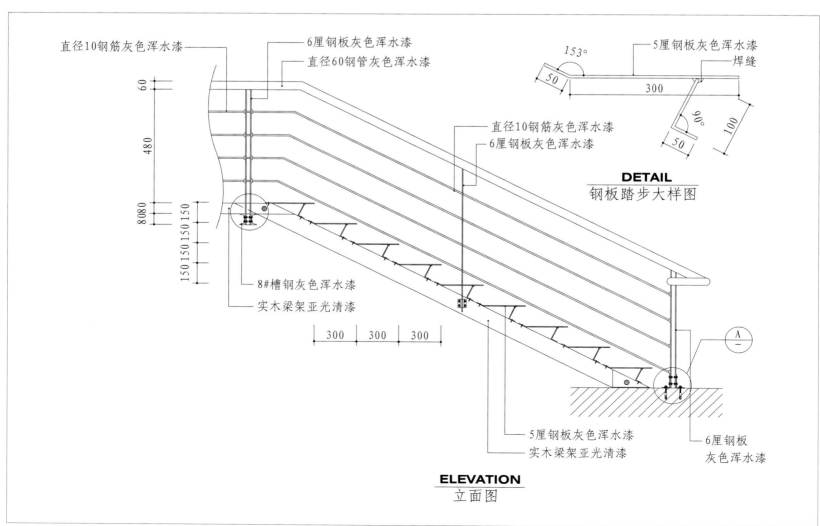

直径10钢筋灰色浑水漆

6厘钢板灰色浑水漆

直径60钢管灰色浑水漆

5厘钢板灰色浑水漆

焊缝

153°

50

300

90°

50

100

直径10钢筋灰色浑水漆

6厘钢板灰色浑水漆

DETAIL
钢板踏步大样图

60

480

80 80

150 150 150 150

8#槽钢灰色浑水漆

实木梁架亚光清漆

300 300 300

A
—

5厘钢板灰色浑水漆

实木梁架亚光清漆

6厘钢板
灰色浑水漆

ELEVATION
立面图

【双跑楼梯】

　　双跑楼梯是应用最为广泛的一种形式，由两个梯段组成，中间设休息平台。在两个楼板层之间，包括两个平行而方向相反的梯段和一个中间休息平台。分双跑直上、双跑曲折、双跑对折（平行）等，适用于一般民用建筑和工业建筑，作为疏散楼梯使用。双跑楼梯经常是两个梯段做成等长，节约面积。在设计中，也常结合中庭或建筑外立面设计，往往能形成丰富的虚实对比。双跑楼梯设置在中庭的某一角，可形成视觉焦点。

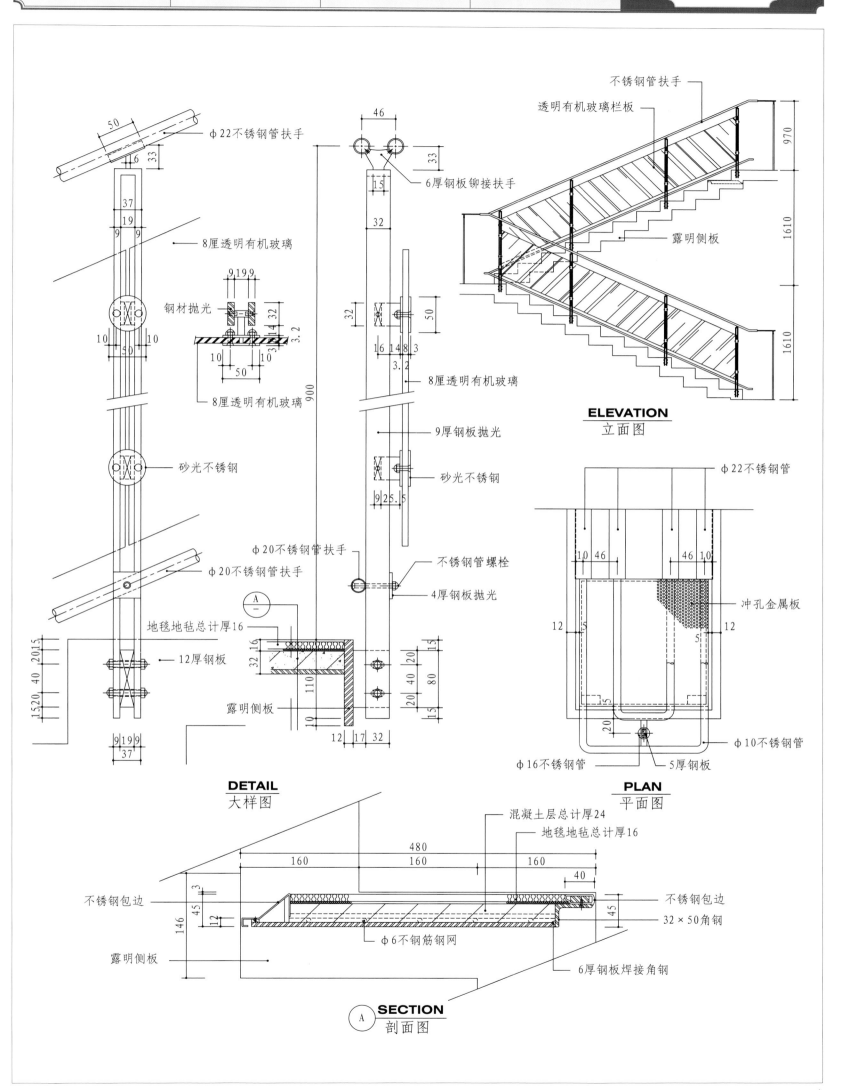

φ22不锈钢管扶手

8厘透明有机玻璃

钢材抛光

8厘透明有机玻璃

砂光不锈钢

φ20不锈钢管扶手

φ20不锈钢管扶手

地毯地毡总计厚16

12厚钢板

6厚钢板铆接扶手

8厘透明有机玻璃

9厚钢板抛光

砂光不锈钢

不锈钢管螺栓

4厚钢板抛光

露明侧板

DETAIL
大样图

不锈钢管扶手

透明有机玻璃栏板

露明侧板

ELEVATION
立面图

φ22不锈钢管

冲孔金属板

φ10不锈钢管

φ16不锈钢管

5厚钢板

PLAN
平面图

混凝土层总计厚24

地毯地毡总计厚16

不锈钢包边

不锈钢包边

32×50角钢

φ6不钢筋钢网

6厚钢板焊接角钢

露明侧板

SECTION
剖面图

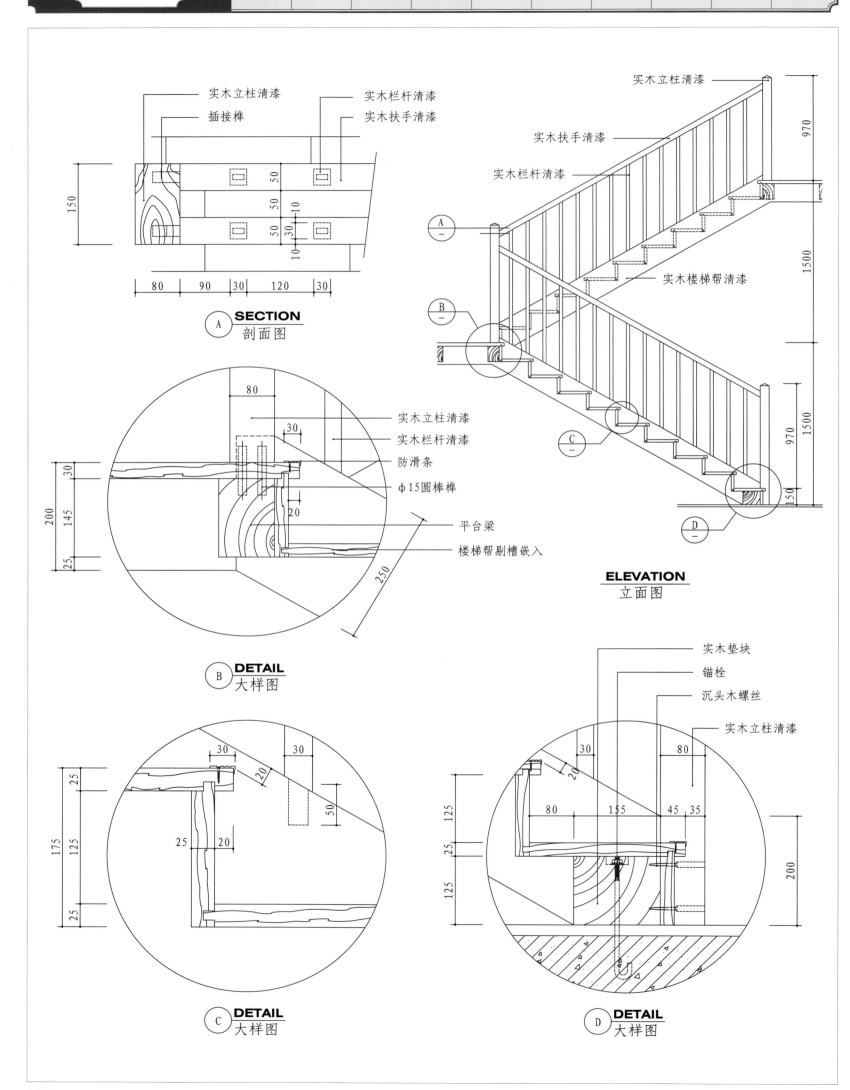

实木立柱清漆
插接榫
实木栏杆清漆
实木扶手清漆

150
50
50
10
50
30
10

80 90 30 120 30

A SECTION 剖面图

实木立柱清漆
实木扶手清漆
实木栏杆清漆
实木楼梯帮清漆

实木立柱清漆

970

1500

970

1500

150

ELEVATION 立面图

80
30
30
145
200
25
20
250

实木立柱清漆
实木栏杆清漆
防滑条
φ15圆棒榫
平台梁
楼梯帮剔槽嵌入

B DETAIL 大样图

30
30
25
20
175
125
25
20
50
25

C DETAIL 大样图

实木垫块
锚栓
沉头木螺丝
实木立柱清漆

30
20
80
80
155
45 35
125
25
125
200

D DETAIL 大样图

【双折楼梯】

　　双折楼梯通常由 2 个不平行的梯段组成，第一跑位置居中且较宽，到达中间平台后分开两边上，第二跑通常是第一跑的二分之一宽，两边加在一起与第一跑等宽。通常用在人流较多，需要梯段宽度较大时。常用于中庭，使中庭空间更为活泼灵动，同时成为整个空间的视觉焦点。外形精致美观，适应于别墅的顶楼储藏室和相对狭小的空间。

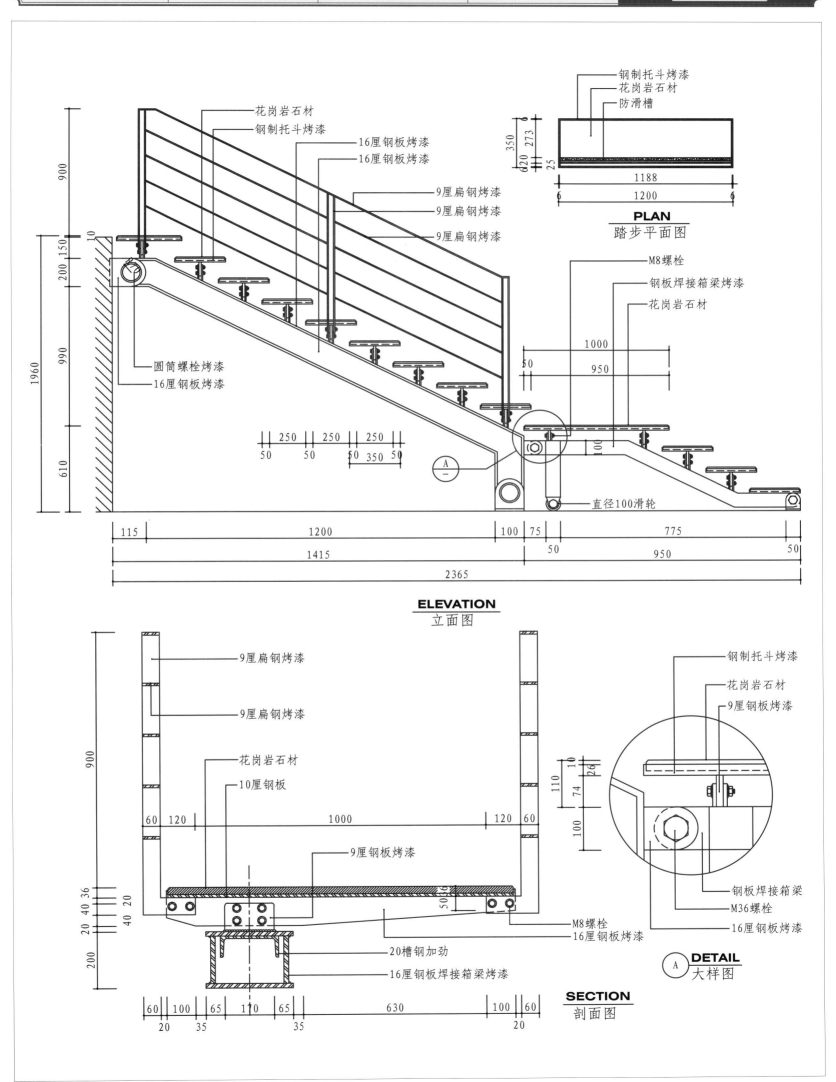

钢制托斗烤漆
花岗岩石材
防滑槽

PLAN
踏步平面图

花岗岩石材
钢制托斗烤漆
16厘钢板烤漆
16厘钢板烤漆
9厘扁钢烤漆
9厘扁钢烤漆
9厘扁钢烤漆

M8螺栓
钢板焊接箱梁烤漆
花岗岩石材

圆筒螺栓烤漆
16厘钢板烤漆

直径100滑轮

ELEVATION
立面图

9厘扁钢烤漆
9厘扁钢烤漆
花岗岩石材
10厘钢板
9厘钢板烤漆
M8螺栓
16厘钢板烤漆
20槽钢加劲
16厘钢板焊接箱梁烤漆

SECTION
剖面图

钢制托斗烤漆
花岗岩石材
9厘钢板烤漆
钢板焊接箱梁
M36螺栓
16厘钢板烤漆

A **DETAIL**
大样图

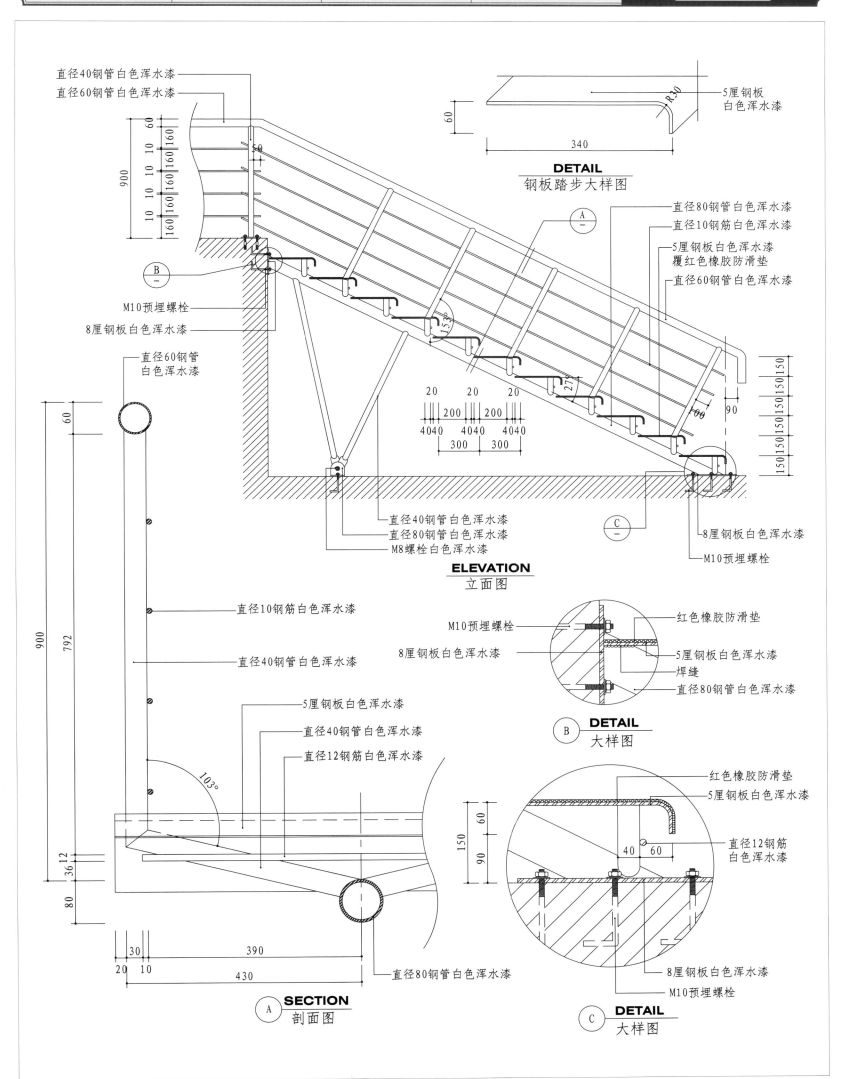

直径40钢管白色浑水漆
直径60钢管白色浑水漆

5厘钢板
白色浑水漆

DETAIL
钢板踏步大样图

直径80钢管白色浑水漆
直径10钢筋白色浑水漆
5厘钢板白色浑水漆
覆红色橡胶防滑垫
直径60钢管白色浑水漆

M10预埋螺栓
8厘钢板白色浑水漆

直径60钢管
白色浑水漆

直径40钢管白色浑水漆
直径80钢管白色浑水漆
M8螺栓白色浑水漆

8厘钢板白色浑水漆
M10预埋螺栓

ELEVATION
立面图

M10预埋螺栓
8厘钢板白色浑水漆

红色橡胶防滑垫
5厘钢板白色浑水漆
焊缝
直径80钢管白色浑水漆

直径10钢筋白色浑水漆

直径40钢管白色浑水漆

B **DETAIL**
大样图

5厘钢板白色浑水漆
直径40钢管白色浑水漆
直径12钢筋白色浑水漆

红色橡胶防滑垫
5厘钢板白色浑水漆
直径12钢筋
白色浑水漆

8厘钢板白色浑水漆
M10预埋螺栓

直径80钢管白色浑水漆

A **SECTION**
剖面图

C **DETAIL**
大样图

331

【螺旋楼梯】

螺旋楼梯由于曲线的存在，它特殊复杂来回的形状会自带动感，可凸显出特别的美感，相比于直线有着特殊的艺术效果。螺旋楼梯的不对称布置，使空间更为自由，灵活。螺旋楼梯的平面形式分为封闭式和开放式两种。封闭式布局通过外围的墙来承重，建筑师可以利用螺旋楼梯形成的弧形外墙来丰富和塑造建筑的空间形体。开放式布局的承重方式有中柱式、曲板式、曲梁式和垂吊式等多种，它可以充分显示曲线楼梯所具有的流动感和节奏感，尤其是螺旋楼梯扶手所形成的流动飘逸的线条更具有动态美。螺旋楼梯平面呈圆形，通常中间设一根圆柱用以支撑扇形踏板，常用于住宅中。

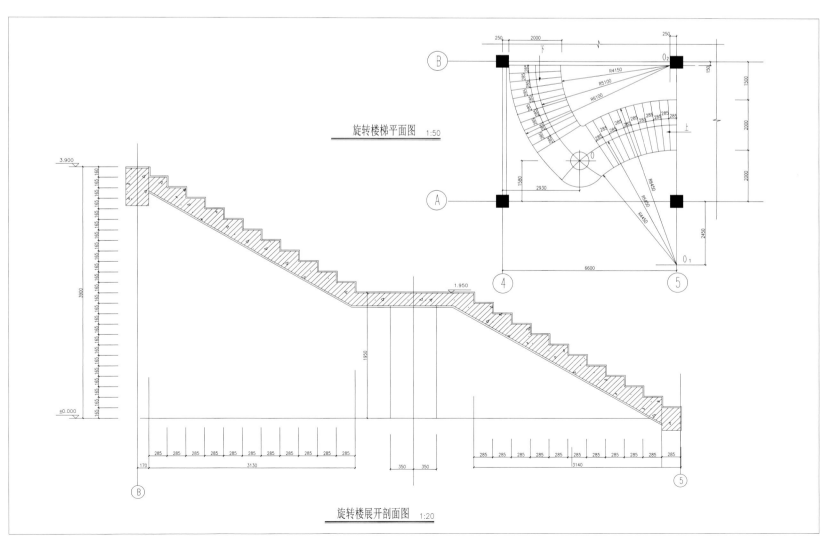

旋转楼梯平面图 1:50

旋转楼梯展开剖面图 1:20

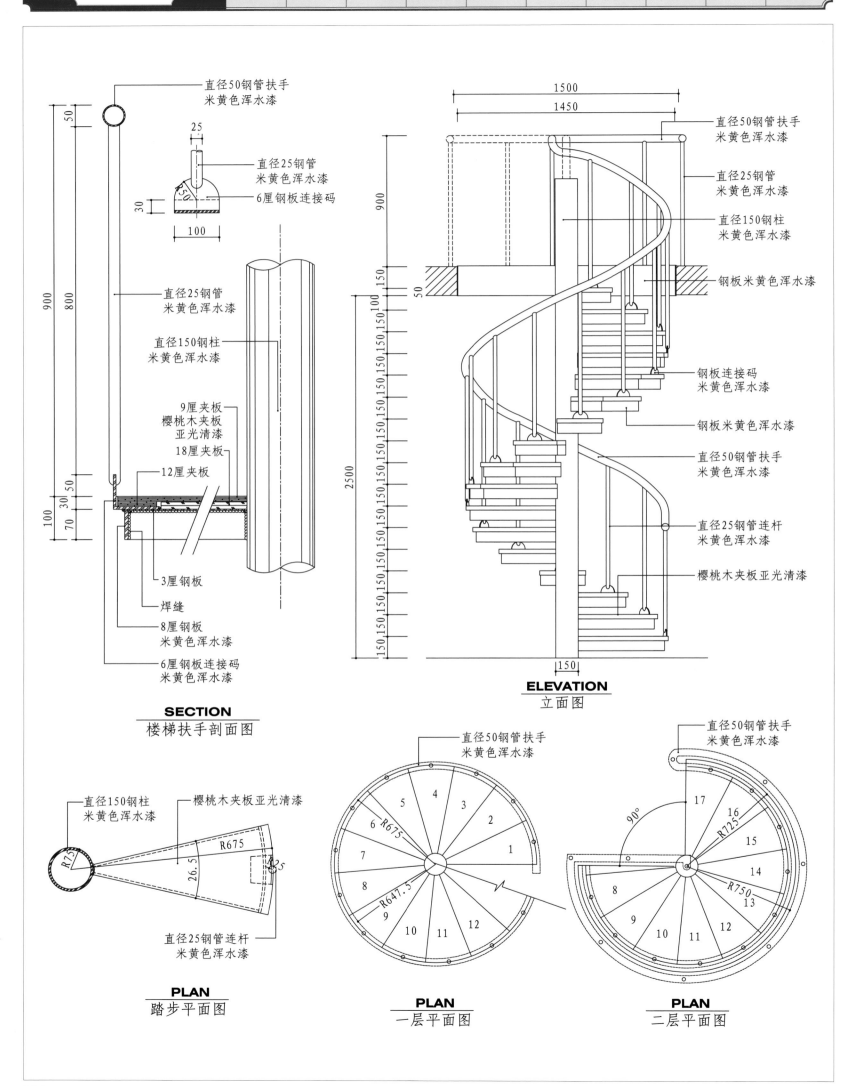

直径50钢管扶手
米黄色浑水漆

直径25钢管
米黄色浑水漆

6厘钢板连接码

直径25钢管
米黄色浑水漆

直径150钢柱
米黄色浑水漆

9厘夹板
樱桃木夹板
亚光清漆

18厘夹板

12厘夹板

3厘钢板

焊缝

8厘钢板
米黄色浑水漆

6厘钢板连接码
米黄色浑水漆

SECTION
楼梯扶手剖面图

直径50钢管扶手
米黄色浑水漆

直径25钢管
米黄色浑水漆

直径150钢柱
米黄色浑水漆

钢板米黄色浑水漆

钢板连接码
米黄色浑水漆

钢板米黄色浑水漆

直径50钢管扶手
米黄色浑水漆

直径25钢管连杆
米黄色浑水漆

樱桃木夹板亚光清漆

ELEVATION
立面图

直径150钢柱
米黄色浑水漆

樱桃木夹板亚光清漆

直径25钢管连杆
米黄色浑水漆

PLAN
踏步平面图

直径50钢管扶手
米黄色浑水漆

PLAN
一层平面图

直径50钢管扶手
米黄色浑水漆

PLAN
二层平面图